AF009493

Vorwort.

Ist's nicht eine sträfliche Vermessenheit, ein leibarmes Werkchen einfach mit der Bezeichnung „Statistik" in die Welt hinauszuschicken? Im Untertitel mindestens sollte man doch einige kräftige Einschränkungen der anspruchsvollen Überschrift erwarten! Nichts dergleichen: die Einstellung in diese Sammlung mit ihrem scharfumrissenen, bewährten Programm enthebt uns wortreicher Versicherungen darüber, daß hier kein Lösungsversuch strittiger Prinzipienfragen und keine erschöpfende Darstellung des Gegenstandes vorliegen kann. Nur um eine erste Anregung handelt sich's; dem Weiterstrebenden soll ein bedächtig ausgewähltes Literaturverzeichnis die Wege zu tieferem Eindringen in die Materie weisen. Der deutsche Leserkreis dieser Sammlung erheischte die Berücksichtigung des deutschen Sprachgebrauchs und der bei uns volkstümlichen Auffassung von den Aufgaben der Statistik, gleichwohl ist die fremdsprachige Fachliteratur angesichts ihrer Bedeutung für die neuere Entwicklung der theoretischen Statistik nicht unbeachtet geblieben.

Mannheim, im $\frac{\text{Juni 1913.}}{\text{Juli 1922.}}$

Der Verfasser.

Inhaltsverzeichnis.

                                                                                          Seite

Erster Abschnitt: Wesen und Aufgabe der Statistik 5
Zählen und Statistik. Zählung und Gruppierung. Leporello als Statistiker. Erfahrung und Statistik. Anwendungsbereich der Statistik. Die Sozialstatistik. Statistik und Individuum. Konstanz der Zahlen. Gesetz der großen Zahlen. Wissenschaft oder Methode. Geschichtlicher Rückblick. Die amtliche Statistik.

Zweiter Abschnitt: Die Träger der Statistik 24
Produzenten der Statistik. Vereins- und private Betriebsstatistik. Die amtliche Statistik, Entwicklung. Die amtliche Statistik im Deutschen Reich. Pflege der Statistik durch Vereinigungen und Institute.

Dritter Abschnitt: Gewinnung und Ausbeutung des Zählstoffs 35
Begriffliche Abgrenzung der Zählgesamtheit. Räumliche und zeitliche Abgrenzung der Gesamtheit. Feststellung der Erhebungsmerkmale. Ersatzmittel für die vollständige Auszählung. Die typische Methode. Die repräsentative Methode. Die Enquete. Das Urmaterial. Einfluß der menschlichen Schwächen. Die Aufbereitung des Materials.

Vierter Abschnitt: Die Aufmachung der Ergebnisse 54
Frage des „Was?". Kombination von Merkmalen. Material- und Ausdruckstabellen. Gruppenbildung. Übereinstimmung der Nachweisungen. Frage des „Wie?". Die graphische Darstellung. Linien- und Flächendiagramme.

Fünfter Abschnitt: Die Vereinfachung der Ergebnisse . . . 64
Elementare und mathematische Behandlung. Reihentypen. Reihenverlauf und Reihengefüge. Richtigkeit und Vollständigkeit der Angaben. Koordination und Gliederung. Mittelwerte. Arithmetisches Mittel. Medianwert. Dichtester Wert. Schwankungen und Streuung.

Sechster Abschnitt: Die Deutung der Ergebnisse 88
Vereinfachung und Deutung. Weitere Reihenzerlegung. Beziehungszahlen. Vergleichung von Reihen. Verschmelzung von Reihen. Korrelation. Daß und Warum.

Siebenter Abschnitt: Hauptgebiete der Sozialstatistik . . . 105
Übersicht. Bevölkerungsstand. Bevölkerungsbewegung. Moralstatistik. Wirtschaftsstatistik. Schlußbemerkung.

Einige Jahreszahlen zur Entwicklung der Sozialstatistik, vornehmlich in Deutschland 121

Literaturverzeichnis 123

Erster Abschnitt.
Wesen und Aufgabe der Statistik.

Zählen und Statistik. Nehmen wir einmal an, wir hätten uns noch niemals ernsthafte Gedanken über Sinn und Wesen statistischer Tätigkeit gemacht! Was wir von ihr wissen, soll dem „bunten Allerlei", der „Witzecke" der Zeitungen und ähnlichen Deckungsmitteln eines bescheidenen Unterhaltungsbedürfnisses entstammen. Da haben wir etwa erfahren, daß ein Statistiker ermittelt hat, wie oft das Wörtlein „und" in Goethes sämtlichen Werken vorkommt, desgleichen hat solch ein emsiger Mann die Zahl der im Laufe eines Jahres in den deutschen Straßenbahnen stehengebliebenen Regenschirme festgestellt, ein anderer wieder diese oder jene ähnliche Weisheit in Zahlen gefaßt. Unschwer bilden wir danach unseren Begriff vom Statistiker und seiner Wissenschaft: Der Statistiker ist ein harmloser Narr, der wahllos zusammenzählt, was ihm unter die Finger gerät, die Statistik aber wäre jenes Arbeitsverfahren, das die ganze schöne Welt in einen Haufen toter Zahlen umzuschaufeln trachtet. Übertreibung! Karikatur! wird der Leser ausrufen; und gewiß: ein Zerrbild ist unsre Zeichnung, aber der Grundzug, den wir verzerrt haben, ist darin doch deutlich erkennbar. „Es läßt sich geradezu statistisch nachweisen" — so schreibt der geistvolle Rümelin in einem vor mehr als einem halben Jahrhundert verfaßten Aufsatz zur Theorie der Statistik —, „daß heute unter Statistik allgemein das Ergebnis irgendeiner Zählung verstanden wird." Allein mit solcher Feststellung werden wir unsere Neugier schwerlich als befriedigt erachten wollen; es kann doch nicht sein, daß im Zusammenzählen irgendwelcher Dinge, beliebigen Sinns oder Unsinns, sich schon die Aufgabe der Statistik erschöpft. Auch wenn wir dem Unsinn den Zutritt versperren und als Statistik nur das Ergebnis einer Zählung gelten lassen, die unsere Erkenntnis auf irgendeinem Gebiet bereichert, ist der Kreis noch viel zu weit gezogen, denn wohl gibt es nach unserer heutigen Auffassung ohne Zählen keine Statistik, aber ebensowenig entsteht diese durch bloßes Zusammenzählen. Der Knabe, der die Äpfel im Frühstückskorb und das Mädchen, das beim Stricken die Maschen zählt, sind dadurch noch nicht zu Statistikern geworden.

Zählung und Gruppierung. Mit dem Zählen allein ist's also nicht getan; wie aber wird aus ihm Statistik? Greifen wir unter den Hunderten von Definitionen, die sich an dem Begriff „Statistik" schon versucht haben, der neueren eine heraus, jene von Lexis im Handwörterbuch der Staatswissenschaften, so erfahren wir, daß nach dem gegenwärtig allgemein geltenden Sprachgebrauch unter Statistik zu verstehen sei „jede Auskunft über Zustände oder Vorgänge, die darauf beruht, daß beobachtete Einzelfälle unter Abstraktion von ihren Verschiedenheiten als gleichartig gezählt und zu Gruppen vereinigt werden". Geht man, wie wir, vom Zählen aus, so wird man auch sagen können, daß jede Darstellung auf Grund der Auszählung einer Gesamtheit als gleichartig betrachteter Dinge nach bestimmten Merkmalen als Statistik anzusprechen sei. Erfordert wird also eine genaue Abgrenzung der durchzuzählenden Gesamtheit und eine scharfe Bestimmung der Merkmale, nach denen die Gruppierung erfolgen soll — beides keineswegs immer einfache Aufgaben, wie an seinem Ort noch näher darzutun sein wird.

Leporello als Statistiker. Nun könnte es freilich scheinen, als ob auch diese zwiefach eingeschränkte Begriffsbestimmung noch als zu weitherzig in der Zuerkennung statistischer Würde sich herausstelle, sobald man sie an einem Beispiel sich zu verdeutlichen sucht. Als solches mag uns die sogenannte Registerarie aus Mozarts Don Juan dienen, in der Leporello der verlassenen Elvira über die Arbeitsweise seines Herrn und ihre Erfolge Aufschluß gibt. Bestünde diese Darstellung in einem einfachen Namensaufruf der Vorgängerinnen Elviras, ähnlich der langen Totenliste in Marc Aurels Selbstbetrachtungen oder in Kortums Jobsiade, so wäre von Statistik nicht die Rede, wenn auch das namentliche Verzeichnis der Mitglieder eines Vereins oder Lehrkörpers in Jahresberichten und Schulprogrammen oft genug zu Unrecht als solche ausgegeben wird. Allein Leporello hält sich genau an unsere Begriffsbestimmung; die auszuzählende Gesamtheit sind hier Don Juans verlassene Geliebten, die zuerst nach dem Merkmal der Staatsangehörigkeit gruppiert werden:

In Italien . . . 640   in Frankreich . . 100
hier in Deutschland 231   im Türkenland . 91
         aber in Spanien schon 1003.

Auch nach manch anderem Merkmal hat unser Statistiker sein Material ausgezählt, wenn er gleich die Ergebnisse nicht im einzelnen mitteilt; kein Zweifel also, daß hier eine regelrechte Statistik vorliegt. Leporello hat einen vollständigen „Katalog" der Liebesabenteuer seines Herrn aufgestellt; wenn er darum Elviren diese nicht einzeln erzählt, sondern sich mit einer summarischen statistischen Mitteilung begnügt, so leiten ihn dabei offenbar ökonomische Rücksichten; er muß im Laufe von sagen wir zehn Minuten seinen Bericht erstattet haben. In der gleichen Lage ist aber unser kurzes Leben der unerschöpflichen Menge der uns umgebenden Dinge gegenüber. Einen Weltkatalog (nach Sigwarts Ausdruck), der all diese Dinge nach Stand und Veränderung verzeichnete, können wir nicht aufstellen, wollen wir darum die Fülle der Gesichte wenigstens einigermaßen meistern, so ist dies nur dadurch möglich, daß wir auf Grund bestimmter Merkmale Teilmassen bilden und die Zahl der diese ausmachenden Einzelfälle feststellen. Die statistische Tätigkeit werden wir daher ganz allgemein als eine Art von Abkürzungsverfahren, als eine stenographische Aufnahme der Umwelt ansehen können, eine Aufnahme, die freilich keine einfache Rückübertragung gestattet, dafür sich aber allenthalben gültiger Zeichen, der Zahlen nämlich, bedient.

Erfahrung und Statistik. Wenn das Arbeitsverfahren der Statistik davon ausgeht, daß die einzelnen Individuen auf Grund ihrer Übereinstimmung in einer Beziehung, auf Grund eines gemeinsamen Merkmals einander gleichgesetzt und unter geflissentlicher Außerachtlassung ihrer sonstigen Verschiedenheiten zusammengezählt werden, so wird damit nur ein Prozeß weiter geführt und nach bestimmter Richtung zum Abschluß gebracht, der schon innerhalb der gemeinen Erfahrung oder der Praxis des täglichen Lebens, wie man ebensogut sagen kann, seinen Ausgang nimmt. Denn auch diese besteht ja nicht in einem wahllosen, passiven Hinnehmen der unzähligen auf uns einstürmenden Eindrücke, sondern im fortwährenden Beziehen und Vergleichen, das unter Absehung von nebensächlichen Begleitumständen übereinstimmende wichtige Eigenschaften der Erscheinungen zur Bildung von Gruppen benutzt. Auch die

Stärke solcher Gruppen lehrt uns diese vergleichende Tätigkeit beurteilen. Das Geschäft der Statistik besteht sonach darin, diese mehr gefühlsmäßig, schätzungsweise gebildeten Größenurteile durch genaue Feststellungen zu ersetzen. Mit vollkommener Deutlichkeit ha[t] einer der Begründer der politischen Arithmetik in England, Petty diese Aufgabe der Statistik schon vor mehr als 200 Jahren erkannt wenn er in der Vorrede zu seinem Hauptwerk ausführt, „die Methode, die ich hier benutze, ist noch wenig gebräuchlich, denn anstatt nur vergleichende und überschwengliche Worte und Argumente des eigenen Geistes zu gebrauchen, wähle ich als einen Versuch der politischen Arithmetik, auf die ich schon lange zustrebe, den Weg, mich in Zahl-, Gewichts- oder Maßbezeichnungen auszudrücken" — to express myself in terms of number, weight or measure, wie es auch in einem anderen Werke Pettys wörtlich wiederholt wird. I[n] dieser zahlenmäßigen Begrenzung der durch allerhand Voreingenommenheiten allzuoft getrübten gefühlsmäßigen Schätzung liegt ein nicht hoch genug zu veranschlagender Vorteil des statistischen Verfahrens, der in dem bei strittigen Fragen immer wieder gestellten Verlangen nach statistischer Feststellung sich deutlich zu erkennen gibt. Die „Argumente des eigenen Geistes", die eine gläubigere Zeit widerspruchslos sich gefallen ließ, müssen zurücktreten wenn die Zahl auf der Wahlstatt erscheint. Natürlich kann aber nur die methodisch richtig ermittelte Zahl Anspruch darauf erheben, als entscheidendes Zeugnis zu gelten und aus der Nichterfüllung dieser Vorbedingung leiten sich im letzten Grund all di[e] Vorwürfe der Zweideutigkeit ab, mit denen man die Statistik i[n] Scherz und Ernst überhäuft hat. Wir werden uns mit ihnen noch des näheren zu befassen haben; hier sei nur vorausgeschickt, da[ß] diese Vorwürfe dem Wert der Statistik so wenig Abbruch tu[n] können, wie die Möglichkeit falschen Maßes und Gewichtes der Bedeutung unserer Meßinstrumente und Wagen.

Anwendungsbereich der Statistik. Nach bestimmten Merkmalen Gruppen bilden und die unter diesen befaßten Einzelfälle durchzählen ist eine Tätigkeit, der anscheinend keinerlei Schranken gesetzt sind, und gerade dieser Hans-Dampf-Charakter ihres Arbeitsverfahrens mag viel dazu beigetragen haben, daß man der Statistik ein bestimmtes Gebiet als ihr eigentliches Feld zuzuweisen suchte[.] Eine solche Beschränkung läßt sich aber nur von praktischen Gesichtspunkten aus, nicht mit logischen Gründen, rechtfertigen. Tatsächlich sehen wir denn auch im ganzen Umkreis unserer Erfahrung, in „Natur- und Geisteswelt", die Statistik als Erkenntnismittel verwendet. Astronomie, Psychophysik, Medizin bedienen sich ihrer mit gleichem Recht, wie Demographie oder Nationalökonomie, die Verwaltung so gut wie die Wissenschaft. Die Statistik den Gesellschaftswissenschaften vorzubehalten oder wenigstens nur die soziale Statistik als wissenschaftliche Tätigkeit gelten lassen zu wollen, ist darum eine ungerechtfertigte Willkür; sind doch die leitenden Gedanken des statistischen Arbeitsverfahrens überall dieselben. Gleichwohl ist nicht zu verkennen, daß die Einstellung der Statistik in den Arbeitsprozeß der Naturwissenschaften von ihrer Verwendung in den Sozialwissenschaften sich in mehrfacher Hinsicht unterscheidet. Für die Erkenntnis der Natur leistet sie oft nur Aufklärungsdienste, d. h. sie wird hier in den Vorstufen der wissenschaftlichen Untersuchung verwendet, um später der mathematischen Fassung ihren Platz einzuräumen. Ist diese geglückt, die eindeutige Zuordnung von Ursache und Wirkung erkannt und der kausale Zusammenhang auf Gleichungen gebracht, so hat die Statistik ihr Recht verloren. Sie hat in solchen Fällen etwa wie eine Wünschelrute ihres Amtes gewaltet und durch Feststellung bestimmter Regelmäßigkeiten, die der gemeinen Erfahrung gleichwohl entgangen wären, auf verborgene Gesetze hingewiesen. So wäre es heutigen Tages natürlich sinnlos, Sonnen- oder Mondfinsternisse und andere astronomische Erscheinungen zählen zu wollen, deren gesetzmäßiger Ablauf berechnet ist, während man in der Morgendämmerung der Kultur durch allmähliche Feststellung des häufigen, danach des ausschließlichen Eintritts solcher Erscheinungen in bestimmten Zeitabständen wohl erst auf die Vermutung gesetzlicher Zusammenhänge gekommen ist. Nicht immer freilich ist die Naturwissenschaft in der Lage, der Mitwirkung der Statistik zu entraten; auf manchen Gebieten ist zwar das eine oder andere Bruchstück des gesetzmäßigen Zusammenhangs, dieser selbst aber wegen der übermäßigen Verwicklung der beteiligten Einflüsse nicht in seiner ganzen Ausdehnung erkannt. Das Schulbeispiel einer solchen Wissenschaft bildet die Meteorologie, die darum auf lange hinaus, menschlichen Ermessen nach wohl für immer, eine bevorzugte Domäne statistischer Aufzeichnungen bleiben wird. Daß übrigens auch in solchen Teilgebieten der Naturwissenschaft, die der „statistischen" Periode längst entwachsen zu sein scheinen, die Mitwirkung der Statistik unversehens wieder zu Ehren kommt, hat gerade in neuester Zeit das Beispiel der theoretischen Physik gezeigt.

Ein weiterer Unterschied zwischen der Verwendung der Statistik in den Natur- und Sozialwissenschaften besteht darin, daß die an der Wahrscheinlichkeitsrechnung orientierten Formen statistischer Darstellung, die in den Gesellschaftswissenschaften eine vergleichsweise bescheidene Rolle spielen, als Hilfsmittel der Naturbeschreibung und Erklärung ausgedehnte Anwendung finden. So vor allem neuerdings in der Biologie. Diese kann z. B. die einzelnen Exemplare einer Gattung als mehr oder weniger vollkommene Verwirklichungen eines Idealtyps betrachten und mit Bezug auf einzelne Merkmale die beiderseitigen Abweichungen von ihm mit der theoretischen Verteilung auf Grund des Fehlergesetzes oder einer sonstigen aus den Prinzipien der Wahrscheinlichkeitsrechnung abgeleiteten Konstruktion vergleichen u. a. m. Englische und amerikanische Lehrbücher der Statistik entnehmen ihre Musterbeispiele daher im Unterschied von den in Deutschland üblichen häufig der Biologie, wie sie auch zuweilen ausdrücklich Studierende der Naturwissenschaften, im besonderen Biologen, als ihre Leser voraussetzen.

Ein zwar äußerlicher, in seinen Folgen aber nicht unwichtiger Unterschied zwischen naturwissenschaftlicher und sozialwissenschaftlicher Statistik besteht endlich darin, daß diese aus später zu erörternden Gründen der Hauptsache nach amtliche Statistik ist, zum großen Teil sogar von besonderen statistischen Ämtern aufgestellt wird, während die naturwissenschaftliche Statistik dem behördlichen Eingreifen mehr entrückt ist und in weitem Umfang von Gelehrten und Forschungsanstalten gepflegt wird.

Die Sozialstatistik. Sofern der Mensch als Naturschöpfung, als wenn auch höchstentwickeltes und am reichsten differenziertes Lebewesen betrachtet wird, ist er gleichfalls Gegenstand der naturwissenschaftlichen Statistik. Mit der Feststellung seiner körperlichen Maßverhältnisse z. B. beschäftigt sich die Anthropometrie. Insofern aber die wichtigsten, das Menschenleben bestimmenden Naturvorgänge, wie Geborenwerden, Altern und Absterben gleichzeitig biologisch und gesellschaftlich wichtige Tatsachen sind, vollzieht sich in der Bevölkerungslehre der Übergang zu demjenigen Sondergebiet oder Anwendungsbereich der Statistik, das der deutsche Sprachgebrauch mit dieser Bezeichnung vorwiegend, wenn nicht ausschließlich, im Sinne hat. Das ist, wiederum nach Lexis, die Anwendung der statistischen Untersuchungsmethode auf den in Staat und Gesellschaft lebenden Menschen. **Mensch und Menschenwerk** sind das Objekt der Statistik im engern Sinne, oder wie man auch wohl zur Vermeidung von Mißverständnissen zu sagen liebt: der sozialen Statistik. In diesem bescheidener umgrenzten Wirkungskreis der Statistik werden sich unsere weiteren Ausführungen bewegen, denn hier liegen dauernde, im Wesen des Objekts wurzelnde Aufgaben der Statistik vor, die keine Einsicht höherer Art, wie so häufig in den Naturwissenschaften, jemals entbehrlich zu machen vermag. Im Gegenteil: je reicher und vielgestaltiger mit zunehmender Kultur, mit steigender Vergesellschaftung die Beziehungen von Mensch zu Mensch werden, je verwickelter und unübersichtlicher die menschlichen Zwecksetzungen und Willensäußerungen sich gestalten, desto mehr schwindet die Hoffnung auf eine mathematische Formulierung der Erscheinungen des Gesellschaftslebens. Dieselbe Entwicklung macht aber auch die Bemühungen um einen Weltkatalog in dem oben erwähnten Sinne immer aussichtsloser. Die unendlichen Verschiedenheiten der Vorgänge des Gesellschaftslebens einzeln festzuhalten, ist ebenso unmöglich, wie der Versuch, sie auf ausnahmslos gültige Formeln zu bringen, ohne Ertrag bleibt. So muß die Statistik den Retter in der Not abgeben und unter Verzicht auf Allgemeingültigkeit wie auf Vollständigkeit nach einzelnen wichtigen Merkmalen ihre Gruppen bilden, deren Besetzung ermitteln und so ihr skizzenhaftes Bild entwerfen.

Statistik und Individuum. Daß die Statistik auch die Fehler ihrer Vorzüge haben muß, ist freilich nicht minder wahr. Nur die einfachsten Merkmale der Erscheinungen kann sie mit genügender Schärfe abgrenzen und ihrem Zählverfahren unterwerfen, alle feineren Unterschiede verwischt der grobe Schwamm, mit dem man sie gelegentlich verglichen hat. Es ist darum kein Wunder, daß feinfühlige, künstlerisch veranlagte Naturen sich von der zwangsweisen Gleichmacherei der Statistik angewidert fühlen. Gerade das, was den eigenartigen Reiz der Persönlichkeit ausmacht, was den Einzelnen im Guten oder Bösen von allen anderen abhebt, ihn auszeichnet, bleibt der Statistik ihrem Wesen nach unzugänglich. Diese Persönlichkeitswerte sind ja eben die Begleitumstände, von denen sie abstrahieren muß, um ihre Merkmalgruppen bilden zu können. Innerhalb jeder solchen Gruppe sind dann alle Unterschiede der Einzelfälle ausgelöscht und vom Individuum ist nichts übriggeblieben, als ein *beliebig vertauschbarer Einser*. Vertiefen wir uns z. B. in die Statistik der Bevölkerungsbewegung für das Deutsche Reich, so finden wir dort für das Jahr 1898 im ganzen 2680 männliche Verstorbene im Alter von 83—84 Jahren nachgewiesen: unter diesen 2680 Einsern ist der Fürst Bismarck so gut wie ein beliebiger gleich alter Austrägler begriffen, dem seine ärmliche Stube die ganze Welt bedeutet hat. Und hätten wir außer nach Alter und Geschlecht vielleicht noch nach Sterbemonat, Familienstand und anderen einfachen Merkmalen gegliedert, immer hätten wir *innerhalb* dieser kleineren Gruppen einen Haufen unterschiedsloser Einser behalten. So macht denn in der Tat die Statistik innerhalb der Schranken, die sie errichtet, alles gleich und breitet ihr Leichentuch über die bunte Fülle der Dinge. Darum ist es leicht verständlich, wenn Nietzsche die viel zu vielen, die Herdenmenschen, dem „Teufel und der Statistik" überantwortet und daß überhaupt, wenn irgendwo in der schönen Literatur von der Statistik die Rede ist, ihrer mit einem gewissen Unbehagen gedacht wird. Der richtigen Bewertung der Statistik tut vermutlich der Umstand Abbruch, daß sie für die Feinheiten des Persönlichen kein Organ hat, anderseits aber auch vom Individuum nicht so weit absteht, wie das Naturgesetz, das keinen einzigen Zug mehr mit diesem gemein hat. Man muß sich indessen ein für allemal mit der Tatsache abfinden, daß die Statistik ein vergleichsweise rohes Werkzeug, ein rücksichtsloser Prokrustes ist, und tausend Mißverständnisse schreiben sich davon her, daß man mehr von ihr verlangt, als sie ihrer Natur nach leisten kann. Daß der konzentrierte Ausdruck, auf den sie die untersuchten Verhältnisse bringt, nicht deren Einzelheiten sämtlich widerspiegeln kann, liegt zwar nahe genug, wird ihr aber gleichwohl immer wieder zum Vorwurf gemacht. Wer solchen Einwänden Rechnung tragen und sie durch möglichst weitgehende Spaltung der untersuchten Gruppen entkräften will, befindet sich von vornherein auf falschem Wege. Denn wenn er Merkmal auf Merkmal kombinieren und so immer verwickeltere Untergruppen bilden wollte, so käme er schließlich beim einzelnen Individuum wieder an, von dem er ausgegangen ist und das in genau derselben

Merkmalkombination wohl kaum zweimal in der Welt vorkommen wird. Er hätte also auf dem ganzen weiten Weg nichts gewonnen, wohl aber, wie der Kohlenmunk-Peter in Hauffs Märchen vom kalten Herz, bei seinem Unternehmen alles verloren, was er besaß. Denn für die lebendige Anschauung hätte er einen wertlosen Einser eingetauscht. Kein unglücklicheres Kompliment hätte man darum der Statistik machen können, als das ab und zu geäußerte, sie sei eine getreue Photographie der Wirklichkeit. Viel eher könnte man sie mit einem Gemälde vergleichen, das auch nicht alle Einzelheiten des dargestellten Gegenstandes wiedergeben kann und soll, sondern sich mit der Vermittlung eines Gesamteindrucks begnügen muß. Das Individuum, das in die Mühle der Statistik gerät, ist als solches rettungslos verloren, nicht anders als das Weizenkorn, von dem das Johannesevangelium sagt, daß es untergehen müsse, um tausendfältige Frucht zu tragen.

Konstanz der Zahlen. Da die Bekanntgabe des Ergebnisses einer statistischen Ermittlung dem Zeitpunkt oder dem Zeitraum der Aufnahme immer erst in mehr oder weniger großem Abstand folgen kann, so dürfte alle Statistik lediglich historische Bedeutung beanspruchen, wenn ihren Zahlen nicht noch eine besondere Eigenschaft innewohnen würde. Diese aber besteht in der Konstanz der Zahlen, die sich nicht bloß bei den Naturerscheinungen, sondern auch bei den vom menschlichen Willen abhängigen oder doch beeinflußten gesellschaftlichen Vorgängen kundgibt. In einem statistischen Jahrbuch beispielsweise sind wir überzeugt, Jahr für Jahr in derselben Tabelle über Bevölkerungsbewegung, Personenverkehr des Staatsbahnen, Volks- und Mittelschulen, Verbrechen und Vergehen, Verbrauch von Gas und Wasser und tausend anderen Dingen annähernd die gleichen, jedenfalls innerhalb verhältnismäßig enger Grenzen schwankenden Zahlen wiederzufinden. Und diese Beharrlichkeit der Zahlen, nicht im Sinne einer starren Unbeweglichkeit — denn dann wäre ja fortlaufende statistische Beobachtung eine überflüssige Beschäftigung —, sondern im Sinne einer annähernden Standfestigkeit und nur allmählichen Änderung verleiht der Statistik ihre **praktische Bedeutung**. Man hat oft darauf hingewiesen, daß unser ganzes gewerbliches und kaufmännisches Leben, die gesamte Tätigkeit von Reich, Staat und Gemeinde lahmgelegt wären, wenn die gesellschaftlichen Erscheinungen statt Jahr für

Jahr sich mit annähernder Gleichmäßigkeit zu wiederholen, regellos schwanken würden.

Die Entdeckung, daß auch die in den gesellschaftlichen Vorgängen sich niederschlagenden menschlichen Willenshandlungen jahraus jahrein in etwa gleicher Häufigkeit auftreten, hat namentlich im zweiten Drittel des 19. Jahrhunderts kein geringes Aufsehen erregt. In starker Überschätzung des Grades ihrer Stetigkeit glaubte man die Naturgesetze der Gesellschaft aufgefunden zu haben, deren Herrschaft der einzelne unterworfen sei, ohne dessen inne zu werden. Da Verbrechen und Selbstmorde mit derselben Regelmäßigkeit, in von Jahr zu Jahr sich annähernd gleichbleibender Häufigkeit ihre Opfer fordern, so lag die Deutung im Sinne eines rücksichtslosen Determinismus, wohl gar der Gedanke an eine statistische Erhärtung der theologischen Vorstellungen von der Erbsünde nur zu nahe. Diese fatalistische Deutung geht auf den belgischen Naturforscher und Statistiker Quételet zurück, der in seinem 1835 erschienenen Werk „Sur l'homme" eine der kosmischen verwandte soziale Physik begründen wollte. Das dritte Buch dieses Werkes hat er mit dem berühmt gewordenen Ausruf geschlossen: „il est un budget qu'on paie avec une régularité effrayante, c'est celui des prisons, des bagnes et des échafauds". Man hat freilich Quételet zu Unrecht als bedingungslosen Determinisen verschrien und wiederholt z. B. das ebenerwähnte Zitat eigentlich immer ohne seine Schlußworte, die lauten: „c'est celui-là surtout qu'il faudrait s'attacher à réduire". Indessen ist Quételet allerdings zu keiner klaren Entscheidung gekommen und erst seine Nachfolger haben angenommen, der Glaube an die menschliche Willensfreiheit sei mit der Entdeckung der sozialen Gesetze als erledigt zu betrachten.

Längst hat sich inzwischen das aufgeregte Gewoge der Erörterungen dieser Frage der gesetzlichen Bedingtheit der menschlichen Willenshandlungen geglättet. Wie es auch mit der Willensfreiheit bestellt sein mag, so viel hat man eingesehen, daß die Statistik darüber kein Urteil abgeben kann. Die Zahlengrößen, die sie feststellt, sind ja keine Ursachen, die den einzelnen in seinen Handlungen leiten, sondern lediglich ein zur Zahl gebrachter Beweis dafür, daß die gesellschaftlichen Zustände, auf deren Boden die Beweggründe der menschlichen Handlungen erwachsen, im wesentlichen unverändert geblieben sind. Nicht die Regelmäßigkeiten der von der sog. Moralstatistik nachgewiesenen Zahlen sind es darum, die unser Interesse fesseln, sondern gerade umgekehrt deren über ein gewisses Maß hinausgehende Schwankungen. Wo solche vorliegen, bemüht man sich durch Bildung von Untergruppen und Vergleichung ihrer Besetzung oder auf andere Weise Fingerzeige für das Eingreifen bislang nicht beobachteter oder nur vermuteter Faktoren zu erhalten. Die Feststellung des Grades der Regelmäßigkeit gesellschaftlicher Erscheinungen, der Richtung und Stärke der Abweichungen von ihr ist darum als der wichtigste Gegenstand statistischer Untersuchung anzusprechen. Wiederum aber macht diese mit solcher Feststellung keine ganz neue, bis dahin unerhörte Entdeckung, sie begrenzt vielmehr lediglich durch Zahlen die Annahmen der Erfahrung, die sich gar zu leicht mit einem „fröhlichen Ungefähr" (Th. Mann) begnügt.

Gesetz der großen Zahlen. Schon im 17. Jahrhundert hat man erkannt, daß diese Regelmäßigkeiten erst dann sich einstellen, wenn die Beobachtung sich auf eine große Zahl von Einzelfällen erstreckt. Das Verdienst, diesen Gedanken erstmals weiter ausgesponnen zu haben, wird man aber dem friderizianischen Feldprediger Johann Peter Süßmilch zuerkennen müssen. Lassen wir ihn darum selbst reden. Im ersten Kapitel seines 1741 erschienenen Werkes über „die göttliche Ordnung in den Veränderungen des menschlichen Geschlechts, aus der Geburt, dem Tode und der Fortpflanzung desselben erwiesen", dem Grundbuch der deutschen Bevölkerungsstatistik, findet sich das schöne, einer kriegerischen Zeit wohl anstehende Bild vom zahlreichen Heer des menschlichen Geschlechts, das der Ewige vor seinem Angesicht vorbeiziehen läßt. Auftritt und Abgang geschehen mit einer bewunderungswürdigen Ordnung, ohne Gedränge, **nach bestimmten Zahlen**. Aber, so heißt es im folgenden Paragraphen, „diese Ordnung hat um so viel eher lange Zeit können verborgen bleiben, da dem äußeren Anblick nach in unserer Geburt und Tod nichts weniger als Ordnung zu herrschen scheint. Wenn man die Häuser einzeln durchzählen sollte, so würde man bald lauter Töchter oder laute Söhne oder doch eine sehr unproportionierliche Vermischung antreffen. In kleinen Gesellschaften und Dörfern läßt sich auch nicht leicht was Ordentliches wahrnehmen. Jetzt sterben z. B. 2 oder 3 in einem Jahre, dann 6, dann wohl gar 12 und mehrere. **Wer denkt da wohl an Regeln und Ordnung?**"

Da nun erst dann die annähernde Stetigkeit in der Besetzung der Gruppen zum Vorschein kommt, wenn eine hinreichend große Zahl von Einzelheiten in diesen vereinigt wird, die praktische Bedeutung der Statistik aber ganz wesentlich in der Aufzeigung solcher Regelmäßigkeiten besteht, so hat es die Statistik in der Hauptsache — nicht ausschließlich oder ihrem Begriff nach — mit **Massenerscheinungen** zu tun. Erst wenn solche vorliegen und dadurch die Zusammenfassung großer Mengen von gleichartigen Einzelfällen zu Gruppen ermöglicht wird, ist zu erwarten, daß von den Besonderheiten der Einzelfälle unabhängige Ergebnisse sich herausstellen. Die Zufälligkeiten der Einzelfälle werden sich gegenseitig ausgleichen, jedenfalls aber an Wirkung gegenüber den für die Auszählung wesentlichen gemeinsamen Bedingungen verlieren, so daß die vermutete Regelmäßigkeit sich zeigt. Dieses Heraustreten des Grundcharakters, der unterliegenden Gesetz- oder Regelmäßigkeit bei genügender Vermehrung der beobachteten Fälle bezeichnet ein, übrigens recht lässiger Sprachgebrauch als das Gesetz der großen Zahlen. Wie groß die Zahl der Beobachtungen zu diesem Zweck gewählt werden muß, läßt sich freilich nicht ein für allemal entscheiden und müßte oft genug dem „statistischen Gefühl des Bearbeiters", also einem recht willkürlichen Richterspruch unterworfen werden, wenn nicht die quantitative Begrenztheit des zur Verfügung stehenden Materials ohnedies die Qual der Wahl zumeist ersparen würde. Jedenfalls hat man sich aber vor der Vorstellung zu hüten, als ob die Verwendbarkeit des Materials zur Herausstellung von Regelmäßigkeiten notwendig im Verhältnis zu seinem Umfang wachsen müsse; ein solcher Schluß wäre vielmehr nur dann berechtigt, wenn die homogene Beschaffenheit der Gruppen nicht durch Einbeziehung ungleichartiger Fälle getrübt würde, eine Gefahr, die um so näher liegt, als das Material in der sozialen Statistik fast nirgends beliebig vermehrbar ist. Nur **unter einer Bedingung** wird der Spielraum der zufälligen Begleiterscheinungen mit der Zunahme der Zahl der beobachteten Fälle immer weiter eingeschränkt, wenn nämlich die Voraussetzungen für die Anwendung der **Wahrscheinlichkeitsrechnung** gegeben sind. Nur in diesem Falle handelt es sich um das eigentliche, von **Poisson** so genannte **Gesetz der großen Zahlen**, um ein Theorem, das die Wahrscheinlichkeit dafür bestimmt, daß die Wiederholungszahl eines Ereignisses innerhalb vorgegebener Grenzen sich halten werde. Bei aller Anerkennung des großen theoretischen Interesses, das solche Berechnungen beanspruchen dürfen, sind doch ihrer Bedeutung für die soziale Statistik dadurch enge Grenzen gezogen, daß die Voraussetzungen für die Anwendung der Wahrscheinlichkeitsrechnung nur verhältnismäßig selten, vorwiegend nämlich bei den sozial=biologischen Erscheinungen vorliegen. Da außerdem die Zuverlässigkeit des erhaltenen Ergebnisses nicht im Verhältnis zur absoluten Zahl der Fälle, sondern nur zur Quadratwurzel aus dieser Zahl zunimmt, ist man in der Praxis meist bald an der Grenze der Wirkungsfähigkeit der Vermehrung angelangt.

Wissenschaft oder Methode. Unsere Betrachtung ist vom Sprachgebrauch ausgegangen, der das Verfahren gruppenweiser Durchzählung einer Gesamtheit nebst den Ergebnissen dieses Verfahrens übereinstimmend als Statistik bezeichnet. Zu dieser entschiedenen Genügsamkeit des Sprachgebrauchs ist die Zerfahrenheit der wissenschaftlichen Begriffsbestimmung der Statistik seit lange in schroffem Gegensatz gestanden. Am Schluß seiner oben schon erwähnten Untersuchung über die Theorie der Statistik versichert Rümelin, ihm seien bei gewissenhafter Zählung 62 verschiedene Erklärungen des Begriffs der Statistik vor Augen gekommen: sechs Jahre später aber — im Jahre 1869 — konnte Engel sich schon der Kenntnis von 180 Definitionen rühmen, und heute mag die vierstellige Zahl längst erreicht sein. Darüber nun, daß all das, was auf den verschiedenen Gebieten durch gruppenweise Auszählung zutage gefördert wird, nicht den Inhalt einer eignen Wissenschaft bilden kann, herrscht wohl seit lange kein Zweifel mehr. Wer demnach der Statistik den Charakter als Wissenschaft wahren will, muß diese Absicht durch eine engere Begrenzung des dem Zählverfahren zu unterwerfenden Stoffgebiets zu erreichen suchen, außerdem aber die Deutung der durch das Verfahren gewonnenen Ergebnisse in ihren Aufgabenkreis einschließen. So kommt denn etwa eine Auffassung zustande, die unter Beschränkung auf die **sozialen** Massenerscheinungen in der Statistik als Wissenschaft „die auf erschöpfende, in Zahl und Maß festgelegte Massenbeobachtung gegründete Klarlegung der Zustände und Erscheinungen des gesellschaftlichen menschlichen Lebens" erkennt (v. Mayr). Auf der anderen Seite wird aber das Bestehen einer eignen Wissenschaft der Statistik mit aller Entschiedenheit geleugnet. So meint z. B. Wundt, es sei das einzig

Richtige, unter Statistik nur noch eine Methode zu verstehen. Ihre Bezeichnung als Wissenschaft sei um so überflüssiger, als es kein Gebiet gebe, in dem die statistische Methode angewendet werde, das nicht nach anderen sachlichen Merkmalen bereits zureichend definiert und benannt sei. An vermittelnden Begriffsbestimmungen hat es gleichfalls nicht gefehlt; so hat man der Statistik zuweilen den Rang einer Hilfswissenschaft zuerkannt, oder aber sie teils als Methode, teils als selbständige Wissenschaft erklärt.

Für uns liegt kein Anlaß vor, in diesen Rangstreit einzugreifen, der sich ungeachtet aller Versuche, ihn durch Machtspruch für beendet zu erklären, bis auf den heutigen Tag fortsetzt und in immer neuen Schattierungen wieder auflebt. Die Statistik als Staatsbeschreibung oder als Lehre von den sozialen oder demographischen Massenerscheinungen usf. zur stofflich abgegrenzten, zur Realwissenschaft zu machen, dazu liegt unseres Erachtens allerdings kein Bedürfnis vor. Ebensowenig wird es nötig sein, für die statistische Methode die wissenschaftliche Würde durch eine Hintertür zu retten, indem man ihr etwa die Aufgabe stellt, soziale Gesetze zu erforschen, oder die Verwendung der Wahrscheinlichkeitsrechnung zum Prüfstein ihrer Wissenschaftlichkeit macht. Der Sprachgebrauch kennt lediglich eine Einteilung nach den von der statistischen Methode erfaßten Objekten: eine Binnenschiffahrts-, Steuer-, Berufs-, Medizinalstatistik usw. und wird sich schwerlich davon überzeugen lassen, daß es daneben eine „höhere" Statistik gebe, die nur etwa die Bevölkerungs- und Moralstatistik umfasse. Gewiß kann man zugunsten dieser Abscheidung geltend machen, daß es sich bei den zuletzt genannten Gebieten um Materien handelt, die in weitem Umfang einer selbständigen Darstellung zugänglich sind, allein dasselbe gilt heute schon teilweise für die medizinische Statistik und wird vielleicht späterhin noch für andere Anwendungsgebiete der statistischen Methode zutreffen. Für einen gemeinverständlichen Abriß der Statistik schlechthin ist es jedenfalls nicht angängig, sich über den Sprachgebrauch einfach hinwegzusetzen und die Darstellung auf ein als wissenschaftliche Statistik erklärtes Sondergebiet zu beschränken, wenn auch die Beispiele für das Arbeitsverfahren der Methode diesem Gebiet vielleicht häufiger als anderen zu entnehmen sein werden.

Geschichtlicher Rückblick. An dieser Zerfahrenheit der Begriffsbestimmungen trägt die Zweideutigkeit des lateinischen Wortes status, von dem sich die nicht eben glücklich gebildete Bezeichnung „Statistik" ableitet, ein gut Teil der Schuld. Auf welche Bedeutung von status, ob im Sinne von Zustand oder von Staat oder gar zusammengenommen von Staatszustand das Wort Statistik zurückzuführen sei, das hat viel Kopfzerbrechen und großen Aufwand an geistreichen Hypothesen verursacht. Gebraucht wurde das Hauptwort „Statistik" erwiesenermaßen zuerst von dem Göttinger Professor Achenwall (1719—1772), der darum auch nicht ganz mit Recht den Beinamen „Vater der Statistik" erhielt, obschon lange vor ihm politisch-statistische Kollegien gelesen wurden. Es verlohnt sich für uns nicht, auf die namentlich von John eingehend behandelte Geschichte dieser sog. Universitätsstatistik einzugehen; hier ist nur hervorzuheben, daß der Streit um die Entstehung des Wortes Statistik durch die Auffindung der handschriftlichen Notizen Achenwalls zu seinem Kolleg zugunsten der Ableitung aus der Bedeutung status = Staat entschieden worden ist. Statistik, so heißt es dort, stamme von dem italienischen Ausdruck ragione di stato her, aus dem die Italiener den statista, d. h. den in der Staatskunst Bewanderten, gebildet hätten. Unter Statistik verstand aber Achenwall in völligem Unterschied von dem, was der heutige Sprachgebrauch darunter begreift, eine Art von Universalstaatswissenschaft, eine Beschreibung der dem Staat zuträglichen oder abträglichen Dinge, der Staatsmerkwürdigkeiten, wie er sich auszudrücken liebt. Ihrem ganzen Charakter nach war diese Universitätsstatistik einer Entwicklung kaum fähig; sie konnte höchstens als ein mehr oder weniger geschicktes Potpourri eines aus allen möglichen Erfahrungs- und Wissensgebieten gesammelten Stoffes gelten und mutet uns heute allerdings „merkwürdig" genug an. Gleichwohl hat diese Art von Staatskunde, in der Zahlen zuerst überhaupt nicht vorkamen, jahrzehntelang die deutschen Katheder beherrscht, ja sogar noch bis gegen die Mitte des 19. Jahrhunderts eine gewisse Rolle gespielt. Eine Schöpfung Achenwalls und seiner Vorgänger ist sie übrigens nur insofern gewesen, als diese sie zum akademischen Lehrfach erhoben, während sich gedruckte Staatsbeschreibungen schon im 16. und 17. Jahrhundert einer teilweise erstaunlich großen Beliebtheit erfreuten.

Mit dem Ende des 18. Jahrhunderts, als die Geheimniskrämerei der Regierungen in bezug auf das bei ihnen sich sammelnde Zahlenmaterial nachzulassen begann, drang dieses allmählich auch in die Staatsbeschreibungen ein. Nach dem Vorgang von A. F. Büsching (1724—1793) begann man jetzt die der zahlenmäßigen Darstellung zugänglichen Seiten des Staatslebens mit Vorliebe zu untersuchen. Noch vor Büsching hatte übrigens der Däne Peter Anchersen in seinem 1741 erschienenen Werk über die wichtigsten Kulturstaaten die erste vergleichende Statistik in Tabellenform veröffentlicht; 1782 folgten die von Crome erfundenen graphischen Darstellungen. Zwischen den Anhängern der Büschingschen Zahlenstatistik, die von der alten Universitätsstatistik als „Tabellenknechte" gebrandmarkt wurden und der Achenwallschen Richtung entstand damals ein langjähriger Streit von maßloser Heftigkeit, der mit dem Sieg der neuen Staatskunde endete. Staatsbeschreibungen unter ausgiebiger Verwendung des immer reicher fließenden amtlichen statistischen Materials sind wohl in allen Kulturstaaten im Lauf des 19. Jahrhunderts mit Erfolg veröffentlicht worden und erfreuen sich auch heute noch großer Beliebtheit. So ist auch die alte Universitätsstatistik nicht spurlos untergegangen und lebt in den modernen Staatshandbüchern, statistischen Jahrbüchern und ähnlichen Veröffentlichungen wenigstens als aufgehobenes Moment fort.

Wenn oben gesagt worden ist, daß die praktische Bedeutung der Statistik zum großen Teil auf der zahlenmäßigen Erfassung der Regelmäßigkeiten des sozialen Geschehens beruhe, so konnte an solchem Verdienst die alte Staatskunde nicht teilhaben. Ebensowenig gebührt aber der vergleichenden Statistik Büschings der Ruhm, diese Eigenschaft der numerischen Gruppierung der Einzelfälle demographischer Erscheinungen erkannt zu haben. Es war vielmehr ein Mann, dem nach seiner eigenen Aussage nur die Rechenkünste eines Krämers zur Verfügung standen, der Londoner Tuchhändler John Graunt (1620—1674), der im Geist Bacons arbeitend, diese Regelmäßigkeit entdeckte. Seiner 1662 erschienenen Schrift „Natural and political observations upon the bills of mortality etc." lagen die seit 1603 von den Londoner Pfarrern aus den Kirchenbüchern ausgezogenen und veröffentlichten Geburts= und Totenlisten zugrunde. Statt nun aber diese Listen in der Weise der Universitätsstatistik zu mehr oder weniger erbaulichen allgemeinen Betrachtungen zu benutzen, wies Graunt aus ihnen z. B. nach, daß auf 14 Knaben 13 Mädchen geboren werden, wie viele von 100 Ge-

borenen nach 6 Jahren und dann nach Ablauf je eines weiteren
Jahrzehnts noch am Leben sein werden, wie rasch London im Vergleich
zu ganz England wachse u. a. m. Mit Ehrfurcht muß man das
schmächtige Bändchen „Beobachtungen" betrachten, das der Welt
nach Pettys Worten ein neues Licht entzündet hat. Die Arbeiten
Graunts erregten vor allem in England das größte Aufsehen, niemand
hat aber ihre wahrhaft revolutionäre Bedeutung mit schöneren
Worten gewürdigt als Süßmilch in seinem obengenannten
Werk. Die Entdeckung der Regelmäßigkeit in Geburt und Tod, so
schreibt er, sei ebenso möglich gewesen, als die von Amerika, nur
habe auch hier ein Kolumbus gefehlt. Da habe Graunt in den Registern
der Toten und Krankheiten in London zuerst eine Ordnung
wahrgenommen und sei dadurch auf den glücklichen Schluß geleitet
worden, daß dergleichen Ordnung auch in anderen Stücken des
menschlichen Lebens zu finden sein dürfte, wodurch er den Grund
zu einer neuen Wissenschaft gelegt habe. Diese Wissenschaft erhielt
von Graunts Freund und Nachfolger Petty, der dessen Methode
mit freilich vielfach unzureichenden Mitteln auf die wirtschaftlichen
Vorgänge übertrug, die Bezeichnung „Politische Arithmetik".
Auch dieses Wort hat ebenso wie das Wort Statistik einen
starken Wandel seiner Bedeutung erfahren, da man heutigen Tages
im allgemeinen unter politischer Arithmetik die Lehre von der Anwendung
der Zins- und Zinseszinsrechnung, insbesondere verbunden
mit der Wahrscheinlichkeitsrechnung, auf dem Gebiet des Versicherungswesens
versteht. Es hat sich nämlich nach Petty stofflich
eine Art von Rückbildung bei gleichzeitiger außerordentlicher Verfeinerung
der Methode dadurch vollzogen, daß die politische Arithmetik
ihre vornehmste Aufgabe nach dem Vorbild des berühmten
Astronomen Halley in der Aufstellung von Sterbetafeln erblickte,
denen sich Versicherungs- und Rentenrechnungen anschlossen.

Auf viel breiterer Grundlage hat dann der schon mehrfach genannte
Süßmilch seine Bevölkerungsstatistik aufgebaut, die ursprünglich
wohl als eine Art Theodizee gedacht, jedenfalls von
einer theologischen Einkleidung ausgehend, allmählich zu einer
durchaus realistischen Bevölkerungslehre sich gestaltete. Süßmilchs
Werk bedeutet einen gewaltigen Fortschritt über alle früheren Leistungen
hinaus, insofern als es die später sog. Statistik im Sinne
der Staatenkunde, die tabellarische Statistik und die Elemente der

politischen Arithmetik miteinander verschmolz und damit seiner Zeit weit voraus eilte. Erst nach Ablauf von nahezu 100 Jahren haben mit dem oben schon gewürdigten Auftreten Quételets neue fruchtbare Gedanken ihren Einzug in die Statistik gehalten. Selbstverständlich soll damit nicht gesagt sein, daß in dem ganzen langen Zeitraum, der die „Göttliche Ordnung" Süßmilchs von Quételets „Sur l'homme" trennt, überhaupt keine wissenschaftlichen Leistungen vollbracht worden seien, die der heutigen Statistik zugute gekommen wären. Allein diese Arbeit, die namentlich die mathematische Seite der Statistik förderte, bezog sich auf einzelne Probleme; ein neues wissenschaftliches System oder doch eine Synthese der in verschiedener Richtung sich entwickelnden Gedankengänge über Aufgabe und Arbeitsverfahren der Statistik hat sie nicht hervorgebracht. Quételets Bestreben, die zuerst von Graunt entdeckten und von Süßmilch auf erweiterter Grundlage nachgewiesenen Regelmäßigkeiten der demographisch-statistischen Zahlen als Äußerungen von Naturgesetzen zu deuten und aus ihnen ein System der sozialen Physik aufzubauen, hat dann jahrzehntelang die Gemüter der Theologen und der moralstatistisch interessierten Gelehrten beschäftigt. Darüber hinaus haben seine Gedanken wegen ihrer großen erkenntnistheoretischen Bedeutung auch Logiker wie Sigwart auf den Plan gerufen. War die aus ethischen, religiösen oder logischen Beweggründen hervorgegangene Auflehnung gegen die besonders von Quételets Nachbetern verfochtene Anschauung von der Zwangsläufigkeit moralischer Handlungen zuerst mehr gefühlsmäßiger Natur, so fand sie in Rümelins Ausführungen über den Begriff eines sozialen Gesetzes (1867), in Knapps Abhandlung über „die neueren Ansichten über Moralstatistik (1871) und besonders in den Arbeiten von Lexis und seiner Schule zuerst eine scharfe begriffliche Fassung.

Den geschichtlichen Rückblick auf die letztvergangenen Jahrzehnte auszudehnen, dürfte nicht ratsam sein. Wie man sich auch zum Streit über Aufgabe und Wesen der Statistik stellen mag, sicher ist, daß sie seit dem Aufkommen der amtlichen Statistik eine große Zahl von Gebieten in Besitz genommen hat, an deren Eroberung sie mangels aller zahlenmäßigen Angaben früher gar nicht denken konnte. Und nicht nur von Ausdehnung ist die Rede; die zunehmende Reichhaltigkeit und Feingliederung der Nachweisungen hat vielmehr auch auf längst angebauten Gebieten, wie jenem der Be=

völkerungsstatistik eine Vermannigfaltigung der Probleme bemerkt, die, wie in anderen Wissenszweigen auch, zu weitgehender Arbeitsteilung geführt hat. Auf jedem einzelnen dieser Gebiete muß sich Fachkenntnis mit Sicherheit in der Handhabung der statistischen Methode verschmelzen; es ist daher ganz ausgeschlossen, auch nur die wichtigsten Leistungen in einem kurzen geschichtlichen Überblick einzeln hervorzuheben. Der letzte Abschnitt wird, soweit nötig, Gelegenheit bieten, auf diese Fragen zurückzukommen.

Die amtliche Statistik. Ohnedies hat unser geschichtlicher Abriß nur mit genauer Not bis zu diesem Punkt geführt werden können, ohne des Aufkommens der amtlichen Statistik zu gedenken, deren Darstellung die Aufgabe des folgenden Abschnitts bilden soll. Ist doch ihre Bedeutung für die Entwicklung der Statistik so überragend geworden, daß Lexis die Theorie der von den statistischen Ämtern ausgeübten Tätigkeit schlechtweg als Grundlehre der wissenschaftlichen Statistik bezeichnet. Will man diese auf die soziale Statistik beschränken, so wird sich schwerlich viel gegen eine solche Begriffsbestimmung einwenden lassen. Ist doch den statistischen Ämtern immer mehr die Aufgabe zugefallen, den gesammelten Stoff nicht nur in tabellarische Form zu bringen, sondern auch ihn wissenschaftlich weiter zu verarbeiten. Aus bloßen Lieferanten von Zahlenmaterial für andere Behörden und für Interessenten sind sie oder doch jedenfalls viele von ihnen längst selbständige wissenschaftliche Betriebsstätten geworden. Nicht in dem Sinne, daß sie die erwähnte Hilfsstellung aufgegeben hätten, wohl aber insofern, als der Wunsch nach möglichst zuverlässiger Erhebung und Aufarbeitung ihres Materials sie ganz von selbst zu wissenschaftlicher Durchdringung ihrer Aufgaben führen mußte. Daß die amtliche Statistik dagegen für einzelne Gebiete, wie die Bevölkerungsstatistik, die weitere wissenschaftliche Bearbeitung nahezu ausschließlich besorgt, hängt von äußeren Umständen ab und trifft auch nicht für alle Kulturstaaten zu. Indessen liegen solche Fragen der Arbeitsverteilung in der Statistik dem Interesse weiterer Kreise fern, hier war nur auf den maßgebenden Einfluß hinzuweisen, den die Ausbildung der amtlichen Statistik auf Umfang und Art der statistischen Arbeit überhaupt gewinnen mußte und der sich schon in der vielfachen Vereinigung von Lehrtätigkeit und Leitung eines statistischen Amtes in einer Person ankündigt.

Was heute unter Statistik verstanden wird, ist also nach den durch den nächsten Abschnitt zu ergänzenden, bisherigen Ausführungen oder eigentlich Andeutungen aus recht verschiedenen Quellen zu einem Fluß zusammengelaufen, von dem sich wiederum einzelne Arme abgezweigt und andere Wege eingeschlagen haben. Es mag wohl noch geraume Zeit dauern, bis die Wasser sich völlig vermischt haben und die wissenschaftliche Terminologie darüber, was unter Statistik zu verstehen sei, zu leidlichem Einverständnis gelangt sein wird.

Zweiter Abschnitt.
Die Träger der Statistik.

Produzenten der Statistik. Von der Wiege bis zur Bahre geleitet die Statistik den Menschen unserer Tage durchs Leben. Getreulich folgt ihm der Schatten, den er selbst und seine Werke im schonungslosen Licht der Zahlen werfen. Er besehe sich nur ein statistisches Jahrbuch des Landes, einen Monatsbericht der Stadt, darinnen sich sein Leben abspielt, überlege, auf wieviel Arten er dort der Statistik zur Beute fiel und wird erstaunen über seine Verwandlungsfähigkeit als Objekt der Statistik. Indessen hat man nicht diese Eigenschaft des Menschen, mit oder ohne sein Zutun fortgesetzt Schöpfer statistisch erfaßbaren Materials zu werden, im Sinn, wenn man vom „Produzenten der Statistik" redet, vielmehr werden darunter die Lieferanten des zu Tabellen aufgearbeiteten Zahlenmaterials verstanden, das irgendwelchem statistischen Bedarf zur Verfügung gestellt werden soll. Nun ist die Aufstellung einer elementaren Statistik aus den uns rings umgebenden zählbaren Dingen an sich eine so einfache, harmlose Sache, daß auch für sie das Dichterwort „Singe, wem Gesang gegeben!" sinngemäße Anwendung finden mag. Die Gefahr, die aus einer mißbräuchlichen Anwendung dieses Rates entstehen könnte, ist noch dazuhin bei der dem Versemachen gegenüber immerhin geringen Beliebtheit statistischer Beschäftigung nicht allzu groß.

Die Wirklichkeit bannt freilich auch hier die Möglichkeit in heilsam enge Schranken und hält die leichtbewegliche Phantasie des Allerweltszählers an ziemlich kurzer Leine. Denn eine Gesamtheit, über die ich mit Hilfe der Statistik Auskunft geben will, muß zu diesem Zweck meinem Zählverfahren stillehalten; ich muß ihr also entweder meinen Zählwillen aufzwingen oder ihren eignen Zählwillen durchführen oder endlich einen übergeordneten Zählwillen an ihr zur Vollstreckung bringen können. In der zuerst genannten glücklichen Lage ist vielfach der Naturforscher, insoweit er willenlose Zählobjekte oder doch solche vor sich hat, deren ohnmächtigen Eigenwillen er dem seinigen völlig unterwerfen kann. Hat er die genügende Zahl von Exemplaren einer Pflanzen= oder niederen Tiergattung gesammelt und wenn nötig präpariert, so kann er ohne weiteres mit Maß= und Rechenhilfen sich an deren statistische Verarbeitung machen. So entsteht dann wohl eine Abhandlung, die in einer wissenschaftlichen Zeitschrift erscheint und der statistische Produktionsprozeß ist damit beendet.

Im Gebiet der sozialen Statistik dagegen hat man es nicht mit willenlosen Zählobjekten zu tun, sondern mit solchen, deren Einzelwillen dem meinigen im allgemeinen gleichgeordnet sind, die ich ohne ihre Zustimmung also keinem oder jedenfalls nur einem sehr oberflächlichen und gleichsam verstohlenen Zählverfahren unterwerfen kann. Nur in einem Fall ändert sich die Sachlage, wenn ich nämlich den Zählwillen einer bestimmten sozialen Gruppe oder Gesamtheit selbst zur Ausführung bringe, als deren Beauftragter handle und so zum Träger ihrer statistischen Erfassung werde.

Vereins= und private Betriebsstatistik. Dieser Zählwille sozialer Gruppen, der meist nach einer zahlenmäßigen Klarstellung bestimmter äußerer Verhältnisse ihrer Mitglieder hindrängt und gewöhnlich durch den Wunsch nach Besserung dieser Verhältnisse hervorgerufen wird, hat in neuerer Zeit das Verständnis und die Wertschätzung der Statistik außerordentlich gefördert. Es ist die Vereinsstatistik im weitesten Sinne des Wortes, deren Ausbreitung und Durchbildung hier in Betracht kommt und die mit der zunehmenden Vergesellschaftung der Menschen, mit der wachsenden Verflechtung des einzelnen in Beziehungen und Interessen der verschiedensten Art notwendig an Bedeutung gewinnen muß. Es mag hier nur an die gewerkschaftliche Statistik, insbesondere an die Beschaffung statistischen Materials über Löhne und Preise, an die Untersuchungen von Krankenkassen über die Wohnverhältnisse ihrer Mitglieder, an die wirtschaftsstatistischen Nachweisungen von Interessentenverbänden, an die sozialstatistischen Leistungen mancher Be=

rufsvereine und so vieles andere erinnert werden. Da sind Wohltätigkeitsvereine um die zahlenmäßige Klarlegung der Zustände bemüht, deren Besserung ihre Aufgabe ist, und suchen den Erfolg ihrer Arbeit gleichfalls in Zahlen wiederzugeben, dort bekämpfen Hausbesitzervereine eine neue steuerliche Belastung ihres Besitzes mit selbsterhobenen statistischen Unterlagen, Beamtenvereine und Angestelltenverbände begründen auf dieselbe Art die Notwendigkeit der Erhöhung ihrer Bezüge, zoll- und andere wirtschaftspolitische Maßnahmen werden von Unternehmerorganisationen gefordert usw.

Die Gefahr unlauterer Mache oder wenigstens unbewußter Auswahl und Auslegung des Zahlenmaterials in bestimmter Richtung liegt freilich bei aller statistischen Vereinsarbeit nahe, allein da die Welt im großen ganzen weggegeben ist, stemmt gemeinhin jedem Eigennutz ein irgendwie gegensätzlich gerichteter sich entgegen, der eine Waffe wie die Zahl gleichfalls nicht rosten lassen wird. Aller Übertreibungen im einzelnen ungeachtet ist aber die Vereinsstatistik — immer also in des Wortes weitester Bedeutung — für die Klarlegung unserer wirtschaftlichen und sozialen Zustände unentbehrlich geworden, und es ist darum kein Zufall, wenn gerade die um eine solche besonders bemühte Veröffentlichung der obersten statistischen Reichsbehörde, die Zeitschrift „Wirtschaft und Statistik" sowie das „Reichsarbeitsblatt", in eingehender Weise sich mit ihr befassen.

Ganz ausgeschlossen ist natürlich auch im Gebiet der gesellschaftlichen Vorgänge die freie statistische Produktion des einzelnen Forscher keineswegs, nur bedarf es zu diesem Behuf des Einverständnisses der als Objekte erkorenen Willenssubjekte für ihre Person oder ihre Werke. Auf diesem Grund ist beispielsweise die Pri vatwirtschaftsstatistik zum guten Teil aufgebaut worden. Indessen ist heutigen Tages auch eine Arbeit wie etwa die vergleichende statistische Untersuchung von Wirtschaftsrechnungen doch mehr oder weniger auf die Mithilfe von Verbänden angewiesen, sofern nicht durch einen übergeordneten Willen ein moralischer Zwang auf die ins Auge gefaßten Familienhäupter ausgeübt werden kann. Dabei mag es als für unsere Zwecke unerheblich dahingestellt bleiben, ob nicht auch schon die Vereinsstatistik als Ausfluß eines übergeordneten Willens, nämlich eben des Vereinswillens, betrachtet werden muß.

Wenn in der oben von uns so genannten Vereinsstatistik das gemeinsame Interesse einzelner Gruppen den statistischen Produktionsprozeß von Fall zu Fall in Gang bringt, so liegt ein **dauerndes** Interesse an der zahlenmäßigen Klarlegung der hier als Arbeitserfolge näher zu bezeichnenden Erscheinungen in den privaten Unternehmungen vor. Während man aber früher wohl die Beurteilung dieses Erfolges so gut wie ausschließlich der Bilanzaufmachung zuwies, jedenfalls aber außerhalb der Buchführung keine systematische Beobachtung der Geschäftserfolge kannte, sind in neuerer Zeit die großen Unternehmungen mehr und mehr dazu übergegangen, einen regelmäßigen statistischen Dienst, eine fortlaufende **private Betriebsstatistik** einzurichten. Man wird mit der Annahme schwerlich fehlgehen, daß dieser neue Zweig der Statistik, dessen Aufgabe kurz gesagt in der zahlenmäßigen Erfassung der kaufmännischen und technischen Geschäftsvorgänge besteht, sich überaus rasch entwickeln dürfte. Vom Standpunkt der Beherrschung der statistisch zu erfassenden Objekte aus betrachtet erfreut sich die private Betriebsstatistik einer ausgesprochenen Vorzugsstellung vor allen anderen Trägern der Statistik, denn diese Beherrschung ist — von etwaigen Eifersüchteleien der Betriebsabteilungen abgesehen — als nahezu unumschränkt zu bezeichnen. Dieser und der weitere Vorzug unbedingter Zuverlässigkeit der statistischen Unterlagen kam freilich bisher nur einem sehr kleinen Personenkreis, der Geschäftsleitung des Unternehmens und gegebenenfalls seinen Hintermännern zugute, immerhin ist unter Umständen, z. B. in Streikfällen, eine teilweise Veröffentlichung der Ergebnisse im eigenen Interesse des Unternehmens gelegen. Als historisch-statistisches Material für Wirtschaftsarchive und ähnliche Einrichtungen kann aber die private Betriebsstatistik auch eine heute noch gar nicht abzusehende wissenschaftliche Bedeutung gewinnen.

Die amtliche Statistik. Entwicklung. So wichtig die von Einzelpersonen, Unternehmungen oder Vereinigungen aller Art aufgestellte Statistik auch heute schon ist und erst recht in Zukunft sein wird, tritt sie doch zunächst quantitativ völlig in den Hintergrund gegenüber den Leistungen der amtlichen Statistik. In Ergänzung der Ausführungen des ersten Abschnitts werden wir daher auf deren Entwicklung mit wenigen Worten jetzt einzugehen haben. Aufzeichnungen, die wir heute als Statistik oder wenigstens als Vorarbeit für eine solche bezeichnen würden, werden wir überall da vermuten dürfen, wo einem geordneten Staatswesen an der Kenntnis der Hilfsquellen des Landes liegen mußte. Es ist darum nicht befremdlich, daß in China Seelenzählungen und Landesvermessungen bis ins 3. Jahrtausend v. Chr. zurückreichen sollen. Auch unsere westlichen Kulturvölker haben ähnliche Aufzeichnungen gekannt und im Römerreich war das Schatzungs- und Vermessungswesen, daneben aber auch die Beurkundung des Bevölkerungsstandes und der Bevölkerungsbewegung (Geburten, Sterbefälle) schon in den ersten Zeiten der Republik verbreitet. Ganz überwiegend wurden solche Veranstaltungen aber im fiskalischen Interesse getroffen; so ist es denn auch erklärlich, daß sie sich häufiger auf steuerbare wirtschaftliche Güter als auf die Menschen bezogen, sofern diese nicht etwa wie die Sklaven selbst Steuerobjekte darstellten oder militärische Gesichtspunkte den Ausschlag gaben.

Noch deutlicher ist der fiskalische Zug in den Ansätzen zu statistischen Leistungen des Mittelalters ausgeprägt, die uns ein gütiges Geschick teilweise erhalten hat. Namentlich der Klerus hat sich, besorgt um die Sicherstellung seines rasch wachsenden Liegenschaftsbesitzes und seiner Einkünfte, in der Aufstellung von Vermögensverzeichnissen eine solche Geschicklichkeit erworben, daß die weltlichen Herren sich von ihm bald ähnliche Inventarien anfertigen ließen. Die großartigste, auf ein ganzes Land übertragene Leistung dieser Art ist aber das unter Wilhelm dem Eroberer 1083—1086 angelegte englische Reichsgrundbuch, von den unterworfenen Sachsen als doomesdaybook, d. h. als Buch des Jüngsten Gerichts bezeichnet, weil es wie dieses keinen verschone.

Die wirtschaftlichen und politischen Veränderungen, die den Übergang des Mittelalters in die Neuzeit begleiteten und bewirkten, namentlich das Erstarken der Zentralgewalt und das Aufkommen einer ränkesüchtigen Fürstenpolitik machten es immer notwendiger, die finanziellen und militärischen Hilfsmittel des eigenen Staats festzustellen und sie mit jenen anderer Staaten zu vergleichen. So ist der Argwohn an der Wiege der modernen amtlichen Statistik gestanden und hat diese bis weit ins 19. Jahrhundert hinein begleitet. Die Ermittlung der Machtverhältnisse der Staaten wurde damit gleichzeitig zu einer amtlichen und hinsichtlich der Systematik ihrer Erforschung und Darstellung auch zu einer wissenschaftlichen Aufgabe. In der Zeit des aufgeklärten Despotismus hat diese statistische Beobachtung dann unter Einbeziehung der Bevölkerungs- und wirtschaftlichen Verhältnisse als Quellen der Heeres- und Finanzmacht eine ganz erstaunliche Ausdehnung erfahren. Am bekanntesten ist die Tätigkeit Friedrich Wilhelms I. und Friedrichs d. Gr. auf diesem Gebiet geworden, aber auch in den kleineren Staaten wurde mit größtem Eifer Statistik getrieben und unsere so häufig über die Belästigung durch allerhand statistische Erhebungen seufzende Gegenwart würde über den Umfang und Inhalt all der damals aufgestellten General- und Spezialtabellen zweifellos sehr erstaunt sein.

Die Entwicklung hat gelehrt, daß dieses immer reichlicher zuströmende Zahlen- und sonstige Material im laufenden Dienst der Behörden unmöglich auf die Dauer sachgemäß bearbeitet werden konnte. So kam es zu einer doppelten Ausscheidung der statistischen Arbeiten aus dem seitherigen Geschäftsbetrieb, die sich, wenn auch unter mannigfachen Verschiebungen im einzelnen, bis auf den heutigen Tag erhalten hat. Zunächst wurden in den ersten Jahren des 19. Jahrhunderts in einer ganzen Reihe von Staaten eigene Landesbehörden für Statistik in Gestalt der statistischen Bureaus errichtet, denen man ursprünglich wohl die Aufgabe zugedacht hatte, alles in der Verwaltung sich ergebende oder durch besondere Veranstaltungen zu beschaffende statistische Material zu sammeln und übersichtlich darzustellen. Bald zeigte sich indessen, daß eine solche Zentralisierung sich nicht mit dem Geschäftsgang aller Einzelressorts vereinigen ließ, außerdem aber die Kräfte der neuen statistischen Bureaus bei weitem überstieg. So kam es denn vielfach zu einer Absonderung der statistischen Arbeiten innerhalb der einzelnen Verwaltungszweige, namentlich dort, wo die Einzelverwaltung selbst ein lebhaftes Interesse an den Zahlenergebnissen ihres Geschäftsbetriebs nehmen mußte. Auf solche Art hat sich folgender Zustand der amtlichen Statistik entwickelt: die selbständigen statistischen Zentralstellen bearbeiten fast durchweg die Bevölkerungsstatistik, daneben in verschiedenem Umfang auch noch andere Gebiete. Diesem aus dem laufenden Dienst — z. B. der Standesämter bei der Statistik der Bevölkerungsbewegung — **ausgelösten und zentralisierten** Teil der amtlichen Statistik steht die von einzelnen Behörden in eigenen statistischen Stellen bearbeitete, also gleichfalls **ausgelöste aber nicht zentralisierte** und endlich die nebenher in der laufenden Verwaltung besorgte nicht ausgelöste Statistik gegenüber. Der Anteil der drei Arten ist in den einzelnen Staaten sehr verschieden, ein Umstand, der den Überblick über die Arbeiten der amtlichen Statistik außerordentlich erschwert. Durch auszugsweise Veröffentlichung der gesamten staatlichen, auch der nicht in der Zentralstelle bearbeiteten Statistik in den statistischen Jahrbüchern sucht man vielfach diesem Übelstand einigermaßen abzuhelfen.

Die amtliche Statistik im Deutschen Reich. Die amtliche Statistik aller Staaten von Abessinien bis Venezuela durchzusprechen, hätte wenig Sinn und Verstand, denn soweit die formale Einrichtung des statistischen Dienstes in Frage kommt, kehren Zentralisation und Auslösung in ihren verschiedenen Gradabstufungen immer typenbildend wieder. Das Wichtigste aber, die wissenschaftliche und praktische Bedeutung der einzelstaatlichen Statistik, entzieht sich ohnedies zumeist unserer Beurteilung. Im Deutschen Reich, auf dessen amtliche Statistik daher diese kurzen Mitteilungen zu beschränken sein werden, ist deren Organisation dank dem bundesstaatlichen Charakter des Reichs recht verwickelt und unübersichtlich.

Statistische Zentralbehörde des Deutschen Reichs ist das 1872 ins Leben getretene **Kaiserliche Statistische Amt**, jetzt **Statistische Reichsamt**, das aus dem Zentralbureau des Zollvereins hervorgewachsen ist. Die gemeinsame Statistik des Zollvereins war aber durch dessen wirtschaftlichen Charakter bestimmt. Die nationale Bedeutung fehlte, desgleichen der wissenschaftliche Einschlag und das statistische Bureau des Zollvereins war darum in der Hauptsache nur ein Verrechnungsamt. Selbst die Volkszählungen, deren Ergebnisse es lediglich nach den von den einzelnen Zollvereinsstaaten eingesandten Tabellen zusammenzustellen hatte, konnten das Bureau nur insofern interessieren, als sie den Schlüssel für die Verteilung der gemeinsamen Einnahmen abgaben. Gleichwohl hat diese bescheidene Zollvereinsstatistik, die teils im Zentralbureau selbst aus dem Material der Zoll- und Steuerbehörden gewonnen wurde, anderenteils durch Zusammenfassung der von den Vereinsstaaten gelieferten Tabellen entstand, die Pause für unsere heutige Reichsstatistik abgegeben. Freilich schuf die nationale Einheit auch in Sachen der statistischen Berichterstattung eine viel umfang- und inhaltsreichere Gemeinsamkeit, als es der bloß aufs ökonomische abgestellte Zollverein je vermocht hätte. Ebenso mußte aber in dem neuen Amt mit seinen wissenschaftlich geschulten Kräften das Verlangen entstehen und wachsen, über eine bloße Verrechnungsstelle sich zu erheben und das immer reichlicher zuströmende Material auch wissenschaftlich zu durchdringen. So wuchs die Arbeitsleistung des Statistischen Reichsamtes in die Breite und in die Tiefe: jenes, indem fortwährend die Reichsgesetzgebung für neue Arbeitsgebiete sorgte oder die eigene Unternehmungslust des Amtes neue ergriff und vorhandene erweiterte, in die Tiefe dadurch, daß die Bearbeitung mehr und mehr den Charakter einer einfachen Kalkulatur verlor und zu einer geistigen Durchdringung des Stoffes überging.

In formaler Hinsicht zerfallen die Arbeiten des Reichsamtes in drei Gruppen. In der ersten Gruppe erfolgt die Bearbeitung auf Grund der Nachweisungen, die dem Amt unmittelbar von den Aufnahmebehörden eingesandt werden. Hierher gehören vor allem die vom Zollverein übernommenen Arbeiten, überhaupt die statistische Berichterstattung über Materien, für die das Reich allein zuständig ist. Die wichtigste in diese Gruppe fallende Statistik ist jene des auswärtigen Handels des deutschen Zollgebiets. In der zweiten Gruppe liegt die eigentliche Bearbeitung den statistischen Behörden der Länder ob, die dabei an bestimmte, von Reichs wegen festgestellte Tabellen gebunden sind, so bei den Volks=, Berufs= und Betriebszählungen. Die reichsstatistische Behörde hat hier nur die Zusammenfassung für das Reichsgebiet zu besorgen. Zur dritten Gruppe endlich gehören jene Arbeiten, bei denen das Material auf Grund freier Vereinbarung von den Beteiligten geliefert wird, sei es, daß diese Vereinbarung sich auf die Einreichung bestimmter Übersichten oder aber auf die Einsendung des Materials selbst erstreckt. Als Beteiligte kommen hier die statistischen Behörden der Länder in Betracht (so bei der Finanzstatistik), oder auch andere Behörden, Vereine, Unternehmungen, Private usf. Durchaus nicht die ganze Reichsstatistik wird indessen vom Statistischen Reichsamt unmittelbar oder mittelbar besorgt; eine große Zahl anderer Reichsbehörden befaßt sich vielmehr selbständig mit der statistischen Bearbeitung bestimmter, in ihren Geschäftskreis fallender Aufgaben. Einzelne unter ihnen, wie das Reichsgesundheitsamt, das Reichsversicherungsamt, das Reichsamt für Arbeitsvermittlung u. a. m.

entfalten sogar eine sehr ausgedehnte statistische Tätigkeit. Eine solche Verteilung der reichsstatistischen Arbeiten hat ihre Vorzüge und Nachteile. Ein Nachteil ist offenbar die weitgehende Zersplitterung der amtlichen statistischen Nachweisungen, die sich zuweilen in schwer auffindbaren Drucksachen der Behörden unter allerhand anderm Material verbergen. Mit Recht ist daher das Statistische Jahrbuch für das Deutsche Reich bemüht, das Wichtigste aus dieser verstreuten Zahlenproduktion zu sammeln und in knappem, übersichtlichem Auszug unter gleichzeitigem Hinweis auf die Quellen vorzutragen. Ein weiterer Mißstand muß sich dann ergeben, wenn die dezentralisierte Statistik nicht mit dem nötigen methodischen Geschick aufgestellt wird, was natürlich in der statistischen Zentralbehörde des Reichs weniger zu befürchten ist. Ein nicht zu unterschätzender Vorteil der Dezentralisation besteht dagegen in der Fachkunde der ihr eigenes Material bearbeitenden Behörden und in dem lebhaften Interesse, das diese vielfach den zahlenmäßigen Ergebnissen ihrer Tätigkeit entgegenbringen.

Dem Reich zu geben, was des Reiches ist, hat der Landesstatistik, d. h. der amtlichen Statistik der deutschen Länder bislang keinen Schaden gebracht. Der statistische Niederschlag derjenigen Materien, für deren Regelung der Einzelstaat ganz oder teilweise zuständig ist, erfordert, allein für sich genommen, schon einen umfangreichen statistischen Dienst. Nur des Beispiels halber sei hier an das staatliche Finanzwesen oder an das Unterrichtswesen erinnert. Aber auch bei den auf das ganze Reich sich erstreckenden großen Erhebungen wie Volks- und Berufszählungen spielt die einzelstaatliche Statistik keineswegs nur die Rolle eines ausführenden Organs oder braucht sie wenigstens nicht zu spielen, denn es ist dem Einzelstaat unbenommen, über die Mindestforderungen des Reichs hinaus Fragen zu stellen und das gewonnene Material weiter zu verarbeiten. Dies geschieht auch regelmäßig in Preußen und mehreren andern Ländern, denn die Reichsstatistik kann in die sachlichen Unterschiede nicht so weit sich vertiefen und gewöhnlich auch nicht zu so kleinen Verwaltungsbezirken in der Darstellung herabsteigen, wie es das Interesse des einzelnen Landes erheischt. Die Erhaltung einer leistungsfähigen staatlichen Statistik ist daher für die Landesverwaltung, daneben aber auch für die Gesellschaftswissenschaften und in letzter Linie für die Reichsstatistik und Verwaltung selbst von größter Wichtigkeit. Diese Anerkennung schließt freilich für die Statistik der Länder die Verpflichtung ein, sich auf der Höhe zu halten und einigermaßen in wechselseitiger Fühlung zu bleiben. Denn unsre gesellschaftlichen Verhältnisse sind über die zumeist vor mehr als hundert Jahren festgelegten Landesgrenzen längst hinausgewachsen und der Postkutschenhorizont steht auch in der Statistik dem Automobilzeitalter schlecht an. Unter der Mangelhaftigkeit und Rückständigkeit der statistischen Berichterstattung eines Einzelstaats leidet darum heutzutage auf die Dauer nicht dieser allein, sondern auch seine Nachbarn. Daß auch in der Landes- ebenso wie in der gleich zu erwähnenden Städtestatistik sich die Erscheinungsformen zentralisierter und dezentralisierter, ausgelöster und nichtausgelöster Statistik ähnlich wie beim Reich wiederholen, bedarf nach den früheren Ausführungen keiner besonderen Begründung.

In unseren Großstädten sind innerhalb der Staaten so eigenartige soziale Gebilde herangewachsen, daß die Landesstatistik ihnen so wenig oder vielleicht noch weniger gerecht werden kann, als die Reichsstatistik den statistischen Bedürfnissen der Länder. Schon in den sechziger Jahren des 19. Jahrhunderts entstanden darum in den kommunalstatistischen Ämtern eigene Organe der **Städtestatistik**. Im Gefolge der staunenswerten großstädtischen Entwicklung des Reichs hat diese an Bedeutung rasch zugenommen. Im allgemeinen ist mit der Überschreitung der herkömmlich als Großstadtgrenze betrachteten Einwohnerzahl von 100 000 die Notwendigkeit der Einrichtung eines eigenen statistischen Amtes gegeben, das einerseits die örtliche Durchführung der von Land und Reich angeordneten statistischen Arbeiten sachgemäß zu besorgen, anderseits das selbständige Bedürfnis der Stadtverwaltung nach statistischer Auskunft zu befriedigen hat. Der Vorzug, dessen sich die Landesstatistik gegenüber der Reichsstatistik auf ihrem räumlich beschränkteren Gebiet erfreut, gilt wiederum für die Städtestatistik im Vergleich zu jener: sie steht ihren Objekten näher, kann darum feiner gliedern und weiter ins einzelne gehen. Was sie an Umfang verliert, gewinnt sie an Inhalt. Auf die einstweilen noch bescheidenen Ansätze zur Verselbständigung des statistischen Dienstes in den Kommunalverbänden braucht an dieser Stelle nicht eingegangen zu werden.

Pflege der Statistik durch Vereinigungen und Institute. Den heutigen statistischen Ämtern haben vielerorts statistische Vereine die Wege geebnet, deren Zweck mit der Organisation einer amtlichen Statistik aber der Hauptsache nach erfüllt war. Indessen haben auch die Vertreter dieser amtlichen Statistik, namentlich in dem von so zahlreichen derartigen Amtsstellen durchsetzten Deutschen Reich, die Notwendigkeit empfunden, in gemeinsamer Arbeit über die Durchführung bestimmter Erhebungen und über die Vervollkommnung der statistischen Berichterstattung auf den verschiedensten Gebieten ins klare zu kommen. Sehr früh hat sich ein solcher Zusammenschluß in der Städtestatistik vollzogen, da die Großstädte in ihrem Charakter und Bevölkerungsaufbau weit mehr Gemeinsames haben, als etwa die deutschen Einzelstaaten. Demzufolge ist auch die Aufgabe der Tagungen der einzelstaatlichen Statistiker eine andere, als jene des Verbandes deutscher Städtestatistiker. Bei diesen steht die Berichterstattung über neue Arbeitsgebiete der städtischen Statistik und über Vervollkommnungen ihrer Arbeitsweise im Vordergrund, gleichgültig, ob eine solche allenthalben oder nur da und dort erreicht werden kann, oder überhaupt lediglich als erstrebenswertes Ziel ins Auge zu fassen ist. Die landesstatistischen Konferenzen beschäftigen sich dagegen vorwiegend mit der technischen Durchführung bestimmter reichsstatistischer Arbeiten.

Viel weiter reicht die Bedeutung der auf die internationale Statistik und ihre erhöhte Vergleichbarkeit gerichteten Bestrebungen. Das Fehlen internationaler Vereinbarungen über die Grundsätze für die Aufstellung bestimmter Statistiken und der Wirrwarr der Anschauungen vom Wesen und den Aufgaben der Statistik hat schon im Jahre 1853 zur Abhaltung eines internationalen statistischen Kongresses in Brüssel geführt. Der im ersten Abschnitt wiederholt genannte Quételet, der geistige Vater des Kongresses, wies dieser „Vereinigung der Statistiker aller Kulturstaaten" die Aufgabe zu, einheitliche Grundsätze für die Beschaffung vergleichbaren Zahlenmaterials aufzustellen, das ihm dann seine soziale Physik begründen helfen sollte. Der Kongreß, der neunmal tagte und große wissenschaftliche Leistungen aufwies, ist daran zugrunde gegangen, daß die von ihm eingesetzte Permanenzkommission sich als eine Art von Aufsichtsbehörde der amtlichen Statistik in den einzelnen Ländern betrachtete, und damit das Mißfallen verschiedener Regierungen erregte. An die Stelle des Kongresses trat im Jahre 1887 das **Internationale Statistische Institut**, eine private Vereinigung von beschränkter Mitgliederzahl, das nur durch sein wissenschaftliches Ansehen einen Einfluß auf die Vervollkommnung und Erhöhung der Vergleichbarkeit der amtlichen Statistik aller Länder auszuüben will. Eine Einrichtung des Instituts ist das im November 1913 ins Leben getretene **Internationale statistische Amt**, das von den beteiligten Staaten unterhalten wird und außer einem Jahrbuch namentlich wirtschaftsstatistische Zusammenstellungen herausgibt. Inwieweit der **Völkerbund** als Träger internationaler Statistik in Betracht kommt, läßt sich vorerst noch nicht sagen.

Was hier für das Gesamtgebiet der sozialen Statistik erstrebt wird, ist für einzelne Zweige derselben dadurch erreicht worden, daß internationale Institute die in ihren Geschäftsbereich fallende Statistik pflegen. So besitzt das **Landwirtschaftsinstitut in Rom** eine eigene Abteilung für landwirtschaftliche Statistik, das **Bureau des Weltpostvereins** veröffentlicht statistische Übersichten, während das **Internationale Arbeitsamt** auf dem Gebiet der Arbeitsstatistik tätig ist. Auch die 1910 und 1913 abgehaltenen **internationalen handelsstatistischen Konferenzen**, die zur Errichtung eines Internationalen Bureaus für Handelsstatistik in Brüssel geführt haben, können hierher gerechnet werden. Von nicht zu unterschätzender Bedeutung für die Fortentwicklung der amtlichen Statistik in den einzelnen Ländern ist endlich der Zusammenschluß der Vertreter der amtlichen Statistik und ihrer wissenschaftlichen Interessenten zu freien wissenschaftlichen Vereinigungen. Die älteste und erfolgreichste dieser Vereinigungen ist die **Royal Statistical Society** in London, die **Deutsche Statistische Gesellschaft** ist 1911 gegründet worden.

Dritter Abschnitt.

Gewinnung und Ausbeutung des Zählstoffs.

Begriffliche Abgrenzung der Zählgesamtheit. Wie der Lichtstaub im geschlossenen Auge umflimmert uns ein ununterbrochenes Spiel der Ereignisse, ein Wechsel der Erscheinungen, dem wir in seinen Einzelheiten nicht zu folgen vermögen. Unabsehbar ist dementsprechend auch die Mannigfaltigkeit der Dinge, die wir unterscheiden und damit nach der Häufigkeit ihres Vorkommens festzustellen versuchen können. In diese Mannigfaltigkeit blindlings hineinzugreifen und alle irgendwie als selbständige Dinge unterscheidbaren Einheiten der herausgegriffenen Teilmasse zusammenzuzählen, hätte aber offenbar keinen Sinn, wie man ja auch eine gedankenlos aufgestellte Statistik zuweilen mit den Worten verspottet, sie zähle „Ochsen und Birnen" zusammen. Die erste Aufgabe jeder statistischen Erhebung ist darum die deutliche Abgrenzung der Gesamtheit, deren Stärke und Zusammensetzung ermittelt werden soll oder anders ausgedrückt, die begriffliche Feststellung dessen, was als Zähleinheit anzusehen ist. So einfach diese Aufgabe auf den ersten Blick erscheinen mag, so schwierig ist sie oft bei näherem Zusehen. Bezeichnungen, die uns im täglichen Leben ganz geläufig und dem Anschein nach völlig unmißverständlich sind, erweisen sich als unsicher und verwaschen, sobald sie die Unterlage für eine methodische Zählung abgeben sollen. Der Sprachgebrauch redet z. B. mit einer für die Praxis völlig genügenden Sicherheit von totgeborenen Kindern; internationale Vergleichungen über die Häufigkeit der Totgeburten gehören dagegen zu den mißlichsten, die man in der Bevölkerungsstatistik kennt. Denn weder gegenüber den Fehlgeburten noch gegenüber den Lebendgeburten ist die Totgeburt mit völliger Sicherheit abzugrenzen, daneben aber ist die formale Bestimmung darüber, was als Totgeburt zu gelten hat, länderweise sehr verschieden, endlich ist die Beurkundung der Totgeburten nicht überall vorgeschrieben, so daß sie nicht vollständig zur Anzeige gelangen. Zweites Beispiel: Unsere Großstädte veranstalteten in der Vorkriegszeit regelmäßig Zählungen der leerstehenden Wohnungen, um aus ihrem Ergebnis auf die jeweilige Lage des Wohnungsmarktes zurückschließen zu können. Im Hinblick auf diesen Zweck der Zählung konnten aber offenbar nicht alle Wohnungen, die leerstanden, in Betracht kommen, sondern nur solche, die wirklich für den Wohnungsmarkt verfügbar waren, nicht also jene in abbruchreifen Gebäuden, polizeilich abgesprochene usw.

Da der Zweck die Mittel bestimmt, so entscheidet der Zweck der Erhebung über die begriffliche Abgrenzung der Zähleinheit. Der Zweck selbst ist aber durch irgendwelche Bedürfnisse der Praxis oder der Einzelwissenschaft gegeben und nach diesen Bedürfnissen hat sich die statistische Ermittlung zu richten. Ob danach der Fachmann des in Betracht kommenden Sondergebiets die statistische Vorarbeit für die Lösung einer Aufgabe besser selbst verrichtet, oder ob er sich dafür zweckmäßiger der Vermittlung besonderer Organe statistischer Beobachtung bedient, hängt von so vielen Umständen ab, daß eine allgemeingültige Antwort auf diese Frage nicht gegeben werden kann. Eine Vereinigung beider Eigenschaften, methodisch geschulter statistischer Beobachtungsgabe und solider Kenntnis des Beobachtungsgebiets, wird immer die besten Erfolge zeitigen. Letzten Endes entscheidet also die von ihr erwartete Bereicherung unserer Kenntnisse auf bestimmten Gebieten der Praxis und des Wissens über die Durchführung einer Zählung, denn ein bloß formales Interesse an der Zählarbeit als solcher gibt es nur ausnahmsweise, wenn auch diese reine Zählfreude nach landläufiger Anschauung den Statistiker kennzeichnet. Vor allem aber verlangt jede statistische Erhebung größeren Umfangs beträchtliche Opfer an Geld und Arbeit, die nur dann gebracht werden, wenn ein wirkliches Interesse an ihren Ergebnissen vorliegt. Je größer der Kreis und je stärker das Aufklärungsbedürfnis der Nutznießer einer Zählung ist, desto reichere Mittel werden für sie daher zur Verfügung stehen. Dies um so mehr als der kleinere Kreis unter Umständen mit einfacher Beobachtung oder anderen Notbehelfen auskommen kann, während in der großen Gesamtheit nur der Weg statistischer Ermittlung die gewünschten Aufschlüsse zu verschaffen vermag.

Räumliche und zeitliche Abgrenzung der Gesamtheit. Der begrifflichen Abgrenzung der Gesamtheit muß die zeitliche und räumliche ergänzend sich anschließen. Die räumliche Abgrenzung ist durch Gesichtsfeld und Machtbereich des Veranstalters der Zählung meist unzweideutig festgelegt und umfaßt alle den Forderungen der Zähleinheit Genüge leistenden Objekte, die dem Zählwillen unterworfen werden können. Da bei den wichtigsten Erscheinungen des gesellschaftlichen Lebens nur die öffentlichen Gewalten einen solchen Einfluß auszuüben vermögen, ist die räumliche Begrenzung der auszuzählenden Gesamtheiten, soweit nicht Teilerhebungen in Betracht kommen, durch die Gebietshoheit ohne weiteres gegeben.

Hinsichtlich der zeitlichen Begrenzung unterscheiden sich alle Zählungen in Bestands- und Bewegungszählungen. Da alles fließt, muß sich die Durchzählung einer räumlich und begrifflich abgegrenzten Gesamtheit gleichzeitig bestehender Einzeldinge auf einen bestimmten Zeitpunkt beziehen. So nimmt die bekannteste unserer Bestandszählungen, die Volkszählung, die dem 1. Dezember voraufgehende Mitternachtsstunde als maßgebend an und verlangt, daß die nach Mitternacht Gestorbenen in die Formulare eingetragen, die nach Mitternacht Geborenen aber weggelassen werden. Je langsamer der Wechsel, die Erneuerung der Bestandsmassen sich vollzieht, desto mehr Zeit kann man sich für die tatsächliche Durchführung der Zählung lassen und desto größere Abstände können gleichartige Zählungen voneinander halten. Zählebige Dinge wie die Gebäude einer rein landwirtschaftlichen Gemeinde jährlich zu zählen, wäre ein überflüssiges Beginnen, da mehrere aufeinanderfolgende Zählungen genau dieselben Gegenstände erfassen würden, leichtbewegliche Erscheinungen dagegen wie der Wechselbestand einer Bank vertragen keine so langen Erhebungspausen.

Nun könnte freilich eine einmalige genaue Bestandserhebung vorausgesetzt, durch Bewegungszählungen der Bestand dauernd auf dem laufenden gehalten werden, indem der Zugang begrifflicher Einheiten derselben Art für das Zählgebiet dem Anfangsbestand hinzugeschlagen, der Wegfall abgezogen würde. Indessen lehrt die Erfahrung, daß eine solche Evidenthaltung des Bestandes kaum jemals gelingt, sei es, daß Ab- und Zugang der begrifflich übereinstimmenden Einzelfälle nicht vollständig erfaßt werden, oder aber daß im verbleibenden Bestand innere Veränderungen sich vollziehen, die ein der Bewegungszählung entgehendes Ausscheiden oder Hinzukommen von Objekten zur Folge haben. Die Zahl der in einer Stadt vorhandenen Wohnungen auf dem laufenden zu erhalten, mochte füglich früher, ehe die Wohnungsnot der Nachkriegszeit verwickeltere Verhältnisse schuf, als äußerst einfache Aufgabe erscheinen, da doch die fortlaufende Statistik der Bautätigkeit über Zugang und Wegfall (durch Abbruch) genauen Aufschluß gab. Trotzdem brachte jede nach Jahren wiederholte Zählung mehr oder weniger erhebliche Abweichungen von der Fortschreibung, da inzwischen große Wohnungen geteilt, kleinere vereinigt worden waren, die als Citybildung bekannte Erscheinung Wohnungen in Läden und andere Geschäftsräume verwandelt hatte usw.

Übrigens ist der Wert der Bewegungszählungen keineswegs auf ihre Bedeutung als mehr oder weniger zuverlässiges Hilfsmittel der Bestandfortschreibung beschränkt; die Ermittlung der Stärke der Bewegungserscheinungen ist vielmehr in den meisten Fällen Selbstzweck. Der gleiche absolute natürliche Bevölkerungszuwachs zweier Länder kann in dem einen Land durch hohe Geburtenzahl bei gleichzeitiger starker Sterblichkeit hervorgerufen worden sein, während im anderen beide sich in engen Grenzen hielten, also durch Erscheinungen von bedeutungsvollster Gegensätzlichkeit, die eine Bestandzählung niemals erfassen könnte.

Feststellung der Erhebungsmerkmale. Mit der begrifflichen, zeitlichen und räumlichen Abgrenzung der Gesamtheit, auf die sich eine Zählung erstrecken soll, ist die erste planmäßige Vorarbeit des ganzen statistischen Verfahrens geleistet, allein nur in Ausnahmefällen kann schon auf Grund solcher Feststellung die praktische Durchführung der Zählung in Angriff genommen werden. Denn mit der Ermittlung der zahlenmäßigen Stärke der Gesamtheit und — je nachdem — ihrer räumlichen, zeitlichen oder raumzeitlichen Zerfällung in Teilgesamtheiten ist dem Aufklärungsbedürfnis gemeinhin nicht Genüge geleistet. Eine Volkszählung soll nicht bloß darüber Aufschluß geben, wie viele Menschen in einem bestimmten Land am Zähltag sich aufgehalten haben, sondern auch deren Zusammensetzung nach Geschlecht, Alter, Familienstand, Beruf und anderen **Eigenschaften der Individuen** nachweisen. Jeder Einzelfall einer ins Auge gefaßten Gesamtheit: ortsanwesende Person im Großherzogtum Oldenburg, Wohnhaus in der Stadt Leipzig, beides nach dem Stand vom 1. Dezember 1916, im Mannheimer Schlachthof anno 1913 geschlachteter Ochse usw. besitzt Eigenschaften, die als Unterscheidungsmerkmale für weitergehende Auszählungen dienen können. Ob die gewählten Unterscheidungsmerkmale meßbar sind und sich demnach gradweise abstufen lassen oder nicht, kommt dabei zunächst nicht in Betracht. Beruf, Anschluß an die Schwemmkanalisation und Herkunftsland lassen sich ebensogut zur Bildung von Untergesamtheiten benützen wie Alter, Bodenfläche und Gewicht der ebengenannten Objekte. Der Vorteil scharfer Abgrenzung der Untergesamtheiten ist freilich meistens auf Seite der gradweise abzustufenden Eigenschaften: eine Gliederung nach dem Alter ist z. B. leichter zu bewirken, als eine solche nach dem Beruf. Selbst der Vorzug einer scharfbestimmten zweiteiligen Gliederung, der bei nicht meßbaren Eigenschaften zuweilen gegeben ist, so vor allem beim Geschlecht, läßt sich durch willkürliche Abgrenzung auch bei den meßbaren Eigenschaften ohne weiteres erreichen. So wenn man die Bevölkerung durch das 16. Lebensjahr in Erwachsene und Kinder zerlegt oder irgendwelche andere Zweigliederung vornimmt. Die Auswahl der Merkmale, die zur Bildung von Teilgesamtheiten dienen, ist wiederum durch die zu erwartende Bereicherung unseres Wissens und unserer Kenntnisse bedingt. Unmäßiger statistischer Neugier sind gewöhnlich durch die Kargheit der Hilfsmittel und den Widerstand der Objekte heilsame Schranken gezogen; der Arbeitsplan ist daher gezwungen, auf die Ermittlung minder wichtiger Merkmale zu verzichten. Was als wichtiges, als statistisch ergiebiges Merkmal anzusehen ist, darüber muß aber einerseits der Zählungszweck, anderseits die bereits gesammelte Erfahrung oder sonstiges Fachwissen entscheiden. In ihrer Stärke auf Grund früherer Auszählungen hinreichend bekannte Merkmalskombinationen dürfen füglich dann und wann zurückgestellt und durch neue, Ertrag verheißende Kombinationen ersetzt werden. Das Moment der Trägheit ist aber, wovon noch zu reden sein wird, im Gebiet der Sozialstatistik von überraschender Stärke; es kann freilich auch gewichtige Gründe für seine Berücksichtigung vorbringen.

Ersatzmittel für die vollständige Auszählung. Bei deutlicher Erkenntnis der Aufklärungsbedürftigkeit vieler Fragen müßte doch in Anbetracht der Knappheit der vorhandenen Hilfsmittel die statistische Darstellung oft genug mit einem non possumus sich bescheiden, wenn nur die vollständige Durchzählung der Einzelfälle nach dem oben entwickelten Programm in Betracht käme. Jede einigermaßen umfangreiche Zählung ist ein so kostspieliges Unternehmen und fordert so vielseitige verständnisvolle Mitwirkung, daß das Wort von der Beschränkung, in der sich erst der Meister zeige, für den Statistiker doppelt und dreifach gilt. Es fragt sich darum, ob einem gegebenen Vorwurf gegenüber, zu dessen Behandlung aus ökonomischen Gründen nicht der große Apparat einer vollständigen Zählung in Bewegung gesetzt werden kann, nur ein völliger Verzicht auf zahlenmäßige Untersuchung möglich ist, oder ob sich nicht wenigstens eine näherungsweise Auskunft mit bescheidenerem Aufwand erlangen läßt. In der Tat gibt es nun verschiedene Ersatzmittel für die vollständige oder wie man sich gewöhnlich ausdrückt, erschöpfende statistische Beobachtung von Massenerscheinungen. Das erste und unvollkommenste ist die von Mayr sogenannte notizenartige Zahlenorientierung, statistische Gelegenheitsarbeit, wie man sie auch bezeichnen kann, aus der die methodische Zahlenbeobachtung aber wohl überhaupt entstanden ist. Namentlich die wirtschaftliche und im besondern wieder die Preis- und Lohnstatistik ist ein Tummelplatz derartiger rhapsodischer Betätigung. Bei der Massenhaftigkeit und dem ununterbrochenen Fluß der meisten wirtschaftlichen Vorgänge wird man schwerlich jemals auf dieses unvollkommene Ersatzmittel einer exakten statistischen Erfassung völlig verzichten können, nur sollte man es nicht anders denn als notgedrungenes Übel betrachten und sein Herrschaftsgebiet soviel als möglich einzuschränken suchen.

Auf Grund irgendwelcher vorhandener Zählungsergebnisse sucht die schätzungsweise Berechnung Näherungswerte für Gesamtheiten, die in ihrer Stärke unbekannt sind, zu ermitteln und so deren Durchzählung überflüssig zu machen. Zumeist wird dabei ein innerhalb einer Teilmasse festgestelltes Verhältnis durch Analogieschluß auf die Gesamtheit übertragen, so, wenn man im 18. Jahrhundert die Bevölkerung eines Landes (v) dadurch zu berechnen versuchte, daß man die Einwohnerzahl eines Verwaltungsbezirks (v') feststellte und diese samt den aus den Kirchenbüchern bekannten Zahlen der Geborenen für den Bezirk (g') und für das Land (g) zur Bildung der Proportion $g' : g = v' : v$ benutzte. Für solche Gebiete, die einer eigentlichen Volkszählung einstweilen unzugänglich sind, wird man häufig zu noch weit ungewisseren Übertragungen, etwa auf Grund ungefährer Annahmen über die Zahl der Wohnstätten und ihre mittlere Bewohnerzahl seine Zuflucht nehmen müssen. Zu diesen in den verschiedensten Spielarten vorkommenden schätzungsweisen Berechnungen, die immer (durch Analogieschluß) statistisch ermittelte oder mehr oder weniger zuverlässig angenommene Zahlenverhältnisse von einer Teilmasse auf eine Gesamtheit übertragen, gesellen sich dann noch reine Schätzungen, die eigentlich nur zahlenmäßig aufgeputzte empirische Beobachtungen sind. Solche Schätzungen dienen z. B. der landwirtschaftlichen Statistik, die dann aber diesen Namen zu Unrecht trägt, noch vielfach als Unterlagen; ihr Ersatz durch einwandfreiere Beobachtungsformen ist in der zahlenmäßigen Berichterstattung selbstverständlich erwünscht, während die Praxis des täglichen Lebens immer auf sie angewiesen bleiben wird. Im einzelnen auf diese unvollkommenen

Schätzungsmethoden einzugehen, die den Ehrennamen „Methode"
vielfach gar nicht verdienen, würde zu weit führen; dagegen werden noch einige Mitteilungen über die beiden Surrogate statistischer
Auszählung zu machen sein, die den wissenschaftlichen Anspruch
erheben, als wirklicher Ersatz für eine solche zu gelten: über die
typische und die repräsentative Methode.

Die typische Methode. Man hat oft und vielleicht allzu dick den
Ausspruch unterstrichen, daß in der Natur das einzelne typisch sei
und für sie darum der Satz gelte: „ab uno disce omnes". Wie
der eine Schir Khan oder Baghira im Tschungel würde jeder andere
Tiger oder schwarze Panther an seiner Stelle auch gehandelt haben.
Der gesellschaftliche Mensch dagegen ist ungleich vielseitiger, seine
Werke und seine Taten sind unendlich viel verwickelter, so daß kein
einzelner als typischer Vertreter der Gesamtheit gelten kann. Das
künstliche Gebilde des homme moyen, des alldurchschnittlichen
Mustermenschen, den die im ersten Abschnitt erwähnte soziale Physik
errechnen wollte, ist längst als eine Wahnidee erkannt worden.
Gleichwohl macht sich die typische Methode oder genauer gesagt die
Methode der typischen Einzelbeobachtung anheischig, durch das sorgsame, möglichst tief in die wesentlichen Eigenschaften eines einzelnen Falls sich versenkende Studium zureichende Kenntnis über
die gleichen Eigenschaften der Gesamtheit zu verbreiten, zu der jener
als einzelnes Exemplar gehört. Begründer dieser Forschungsmethode, die besonders in der Wirtschaftskunde ausgedehnter Anwendung sich erfreuen durfte, ist le Play, dessen Arbeit in Deutschland von Schnapper-Arndt mit feinem Verständnis fortgeführt worden ist. Vorzüge und Nachteile seines Arbeitsverfahrens
sind unschwer zu erkennen. Ausgezeichnet ist es eben durch das
liebevolle Versenken in Einzelheiten, das Eingehen auf feinere qualitative Unterscheidungen, denen das vergleichsweise rohe Zählverfahren nicht gerecht zu werden vermag. Seine Achillesferse dagegen
ist die Schwierigkeit richtiger Auswahl des typischen Einzelfalls.
Denn da durch Verallgemeinerung des am typischen Einzelfall Beobachteten hier die Kenntnis der Verhältnisse in der Gesamtheit vermittelt werden soll, erweist sich der kleinste Fehler in den Voraussetzungen als verhängnisvoll. Nur wo ziemlich einförmige Verhältnisse vorliegen, wird daher das Verfahren mit einiger Aussicht auf Zuverlässigkeit der Ergebnisse angewendet werden dürfen.

Es ist darum erklärlich, daß das Haushaltungsbudget minderbemittelter Familien den bevorzugten Gegenstand dieser typischen Einzelbeobachtung darstellt, denn der schmale Beutel verweigert Ausgaben, die nach irgendeiner Richtung weit über die für jeden gleich notwendige Befriedigung der elementaren Bedürfnisse hinausgeht. Je reicher gegliedert aber die Verhältnisse, desto gewagter die Verallgemeinerung.

So ist denn die liebevolle Schilderung des Einzelfalles eher als wissenschaftlich-künstlerische Arbeit von selbständigem Wert und Reiz, denn als Ersatz statistischer Beobachtung anzusehen, man hat sie deshalb in neuerer Zeit mehr und mehr zugunsten einer Mischform aufgegeben, für die gelegentlich der ziemlich ungeheuerliche Name „poly-monographische Methode" vorgeschlagen wurde. Nicht mehr ein einziger, sondern zahlreiche Einzelfälle werden hier beobachtet und die ermittelten Angaben statistisch verarbeitet. Es handelt sich also bei dieser Darstellungsart um eine regelrechte Statistik, bei der nur die Gliederung weiter in die Einzelheiten geht, als es umfassenden statistischen Erhebungen über den gleichen Gegenstand gemeinhin möglich ist.

Die repräsentative Methode. Während also die typische Methode mit äußerster Vorsicht einen Einzelfall aufsucht und ihn zum Vertreter der Gesamtheit stempelt, greift die repräsentative Methode aus der Gesamtheit, deren Verhältnisse statistisch untersucht werden sollen, einen bestimmten Bruchteil heraus, der meist zwischen $1/20$ und $1/5$ schwankt, und überträgt die in diesem Bruchteil gefundenen Zahlenverhältnisse auf das Ganze. Zwei Formen der Methode sind dabei zu unterscheiden, je nachdem die Teilgesamtheit mit Bedacht ausgewählt oder aber sozusagen blind herausgegriffen wird. Die Auswahl erfolgt im ersten Fall nach den Gesichtspunkten, die schon für die typische Methode maßgebend waren, unter Berücksichtigung der vermuteten repräsentativen Eigenschaften der ausgewählten Fälle, bei der zweiten Form dagegen — dem im engeren Sinn sogenannten Stichprobenverfahren — wird die Teilgesamtheit nach irgendeinem mechanischen Prinzip ausgesondert, das gar keine Beziehung zum Untersuchungsgegenstand hat. Eine Untersuchung über die hypothekarische Belastung der Hausgrundstücke einer Stadt greift z. B. jedes fünfte Haus in der Reihenfolge des Adreßbuchs heraus, eine Wahlstatistik jeden zehnten in die Liste eingetragenen Wähler nach der laufenden Nummer usf. Die Zusammensetzung einer solchen Teilgesamtheit nach bestimmten Merkmalen kann alsdann innerhalb gewisser, mittels der Wahrscheinlichkeitsrechnung festzustellender Fehlergrenzen als Ausdruck der Zusammensetzung der ganzen Gesamtheit bezüglich der gleichen Eigenschaften gelten. Die theoretischen Grundlagen der Methode sind von der englischen mathematischen Statistik ausgearbeitet worden, in der statistischen Praxis hat sie indessen noch nicht eben häufig Anwendung gefunden. Mit gutem Grund! Denn die scheinbar so einfache Bedingung vollkommen willkürlicher Auswahl der die Teilgesamtheit bildenden Exemplare ist in Wirklichkeit manchmal schwer zu erfüllen. Vielmehr: obgleich die Ausscheidung gänzlich willkürlich vorgenommen worden ist, sind die untersuchten Elemente — die Teilgesamtheit — doch in bezug auf das Untersuchungsmerkmal vielleicht nicht neutral gewesen. Ein Beispiel: von den alphabetisch geordneten Familienbögen der Stadt Mannheim aus dem Anfang des 19. Jahrhunderts wurden willkürlich die mit den Buchstaben A, B und M beginnenden nach der Kinderzahl einer Familie ausgezählt; die zur Vorsorge indessen doch noch durchgeführte Auszählung sämtlicher Familien nach der Kinderzahl zeigte aber weit größere Unterschiede, als sie theoretisch zulässig gewesen wären. Erst die genaue Nachforschung ergab den Grund: unter den genannten Anfangsbuchstaben fanden sich verhältnismäßig sehr viel jüdische Namen, die jüdischen Ehen waren aber damals in Mannheim im ganzen kinderreicher als die christlichen. In anderen Fällen dagegen hat sich die Methode durchaus bewährt; sie wird sich daher in der Praxis vermutlich langsam einbürgern und verspricht bei vorsichtiger Handhabung namentlich für die Ausbeute des massenhaft in den Archiven und Akten schlummernden statistischen Materials gute Dienste zu leisten. Die Enquete, deren Beziehungen zur Statistik viel Kopfzerbrechen verursacht haben, kann jedenfalls nicht als Ersatz der vollständigen Durchzählung gelten; sie soll daher nur der Vollständigkeit halber und soweit ihr Verhältnis zur Statistik in Betracht kommt, hier erwähnt werden. Gewöhnlich wird eine Enquete veranstaltet, wenn die Verbesserungsbedürftigkeit eines sozialen Zustands dargetan werden soll. Die summarischen Angaben der zahlenmäßigen Darstellung genügen in solchem Fall nicht, sind vielmehr durch eingehende Schilderung aller oder doch eines Teils der untersuchten Objekte zu ergänzen. Die richtig gebildete Summe ist zwar objektiv, leidenschaftslos und wendet sich an unseren abwägenden Verstand, der lebendig dargestellte, wohl gar durch photographische Wiedergabe herausgehobene Einzelfall dagegen wirkt unmittelbar auf unser Gerechtigkeitsgefühl. Beide Wirkungsweisen sucht die Enquete zu vereinigen: die auf ihrem Sondergebiet bisher schon geleistete statistische Vorarbeit übernimmt sie gewöhnlich und erweitert sie durch mehr ins einzelne gehende Teilerhebungen. Diese zahlenmäßigen Feststellungen bilden dann die Unterlage oder doch den Ausgangspunkt für die Enquete im engeren Sinne, die von den Beteiligten und unparteiischen Sachverständigen durch planmäßige Befragung Auskunft über alle Einzelheiten der behandelten Materie zu gewinnen hofft. Sache der Veranstalter der Enquete ist es alsdann, die Spreu vom Weizen zu sondern und die wertvollen Bestandteile aus diesen verschiedenartigen Teilstücken des Erhebungsverfahrens zu einem einheitlichen Ganzen zusammenzuschweißen.

Die amtliche Statistik Deutschlands hat den Ersatzmitteln der vollständigen Durchzählung einer Gesamtheit bisher wenig Beachtung geschenkt und sich eigentlich nur der unvollkommensten, der Schätzung und der schätzungsweisen Berechnung bedient. Auf die Dauer wird aber, wenn man auch daran festhalten will, jede nicht erschöpfende Zählung als Notbehelf zu betrachten, doch zwischen dem Wert dieser Notbehelfe ein Unterschied gemacht werden müssen. Die Verwertbarkeit der repräsentativen Methode mindestens dürfte durch neuere Untersuchungen innerhalb bestimmter Grenzen als erwiesen gelten. Der amtlichen Statistik wird sie schon durch die geringe Geneigtheit, öffentliche Mittel in großem Umfang für statistische Zwecke flüssig zu machen, deutlich nahegelegt.

Das Urmaterial. Im einzelnen hängt die Durchführung einer statistischen Arbeit wesentlich von der Beschaffenheit des zur Verfügung stehenden Urmaterials ab; zunächst davon, ob das Material, das dem Zählverfahren unterworfen werden soll, schon vorhanden ist oder erst durch eine besondere Erhebung beschafft werden muß. Reiches Material, das ursprünglich ohne Rücksicht auf statistische Verwertung, ja sogar ohne Kenntnis der Möglichkeit einer solchen gesammelt worden ist, strömt fortwährend im laufenden Betrieb der Verwaltung — diese im weitesten Sinne des Wortes verstanden — zusammen. Jahrzehntelang sind, wie wir sahen, in London Geburten und Sterbefälle beurkundet worden, ehe **Graunt** auf den Gedanken kam, diese Anschreibungen statistisch auszubeuten. Heute noch hat das Standesamt seine Schuldigkeit getan, wenn es seine vorgeschriebenen Eintragungen ordnungsgemäß erledigt hat; daß der Standesbeamte daneben — gewöhnlich zu seinem geringen Vergnügen — zum Lieferanten der Bevölkerungsstatistik ernannt wird und regelmäßig Verzeichnisse oder Zählkarten über die von ihm beurkundeten Vorgänge dem zuständigen statistischen Landesamt einsenden muß, ist eine für ihn durchaus nebensächliche Tätigkeit. Das Steuerkataster einer Gemeinde hat gleichfalls seinen vornehmsten, seinen engern Verwaltungszweck erfüllt, wenn alle Steuerschuldigkeiten, die es festgelegt hat, beglichen oder in Abgang verrechnet worden sind. Daß es daneben eine unsterbliche statistische Seele hat, prosaischer gesprochen als Unterlage von Steuerstatistiken der mannigfachsten Art dienen kann, ist wiederum eine abgeleitete, seinem Verfertiger oft genug unbewußt bleibende Eigenschaft.

In den meisten Fällen werden die fortlaufenden Listen der Verwaltung nicht ohne weiteres für die statistische Aufarbeitung verwendet werden können, selbst dann nicht, wenn sie der Amtsstelle, die sie führt, entbehrlich sind. Denn gewöhnlich erfolgt die Eintragung ohne planmäßige Ordnung, lediglich in chronologischer Reihenfolge; häufig besteht auch der Eintrag nicht bloß aus statistisch verwertbaren Angaben, sondern auch aus sonstigen durch den Verwaltungszweck gebotenen Bemerkungen, Verweisungen usw. Überall zwar, wo die statistische Aufarbeitung des Materials eingeführt und zu einer dauernden Einrichtung geworden ist, wird im Weg der Vereinbarung eine Art der Beurkundung erstrebt werden, die nach Form und Inhalt den Bedürfnissen der Verwaltung und der Statistik gleicherweise dient, immerhin wird aber auch dann noch die auszugsweise Übertragung aus den Akten, Listen oder sonstigen Aufzeichnungen der Verwaltung die Regel bilden.

Anders bei den sogenannten rein statistischen Aufnahmen, bei denen durch besonderen Akt das zu verarbeitende Material erst beschafft werden muß. Bei diesen ist der Statistiker in der Lage, die Aufnahmeformulare ohne Rücksicht auf Verwaltungsmaßnahmen in zweckmäßiger Weise einzurichten und hat nur darauf Bedacht zu nehmen, daß ihm später möglichst gut ausgefüllte und für die wei-

tere Bearbeitung geeignete Zählpapiere zur Verfügung stehen. Je
nachdem der erste oder der zweite dieser beiden Gesichtspunkte mehr
in den Vordergrund geschoben wird, kommt mit Vorliebe die Zähl-
liste oder die Zählkarte als Aufnahmeformulare zur Verwendung.
Auf diese rein technischen Fragen des Aufnahmeverfahrens einzugehen, liegt für uns aber um so weniger Anlaß vor, als sie in der
statistischen Literatur recht ausgiebig erörtert worden sind; etwaige
Liebhaber solcher technischen Sonderfragen finden im Literaturverzeichnis am Schluß des Büchleins die Werke angegeben, die sie
zur Befriedigung ihrer Neugier mit Nutzen zu Rate ziehen können.
Zu den technischen Anweisungen im weiteren Sinne wird man auch
die beliebten Ratschläge für die Redaktion der Erhebungsformulare
rechnen dürfen. Selbstverständlich hängt ihre Abfassung von dem
Untersuchungsgegenstand ab; wer also Fragebögen entwirft, muß
einigermaßen von den Dingen Bescheid wissen, die er statistisch zu
erfassen gedenkt; ist das nicht der Fall, so wird daher unter Umständen eine versuchsweise Vorerhebung bescheidenen Umfangs am
Platz sein. Zum zweiten kann eine zuverlässige Antwort natürlich
nur auf eine unmißverständliche Frage gegeben werden; die Kunst
solcher Fragestellung aber, die eine klipp und klare Beantwortung
auch durch den Ungeschulten erzwingt, erlernt sich erst in ausgiebiger Praxis und kann nicht auf allgemeine Regeln gezogen werden.
Endlich und vielleicht hauptsächlich muß der Veranstalter einer statistischen Erhebung immer der menschlichen Schwächen, seiner eignen
wie jener seiner Mittels- und Auskunftspersonen, eingedenk sein.
Von ihnen darum noch einige Worte und Beispiele.

Einfluß der menschlichen Schwächen. Vom Veranstalter der Erhebung setzen wir voraus, daß auf ihn die Meistersingerregel zu-
trifft: „Der Merker werde so bestellt, daß weder Haß noch Lieben
das Urteil trübe, das er fällt." Er wird also seine Fragebogen in
reinstem Verlangen nach vollkommen wahrheitsgemäßer Erfassung
des Tatbestandes entworfen haben und seine ganze weitere Arbeit
soll unter dem gleichen Leitstern stehen. Auf diese Voraussetzung
kommen wir nicht mehr zurück, beschäftigen sich doch die volkstümlichen Abhandlungen über das Wesen der Statistik ohnedies mehr
als billig mit einer Widerlegung der albernen Witze von der „feilen
Dirne", der „wächsernen Nase der Statistik", den „Zahlen, mit
denen man alles beweisen kann", den „modernen Auguren" usw.

Den gewerbsmäßigen Fälscher betrachten wir doch sonst nirgends als den berufenen Vertreter seines Handwerks, warum also in der Statistik? Daß Eigennutz und grobe Fahrlässigkeit im Kampf der Interessen bequeme Helfershelfer an den Nachweisungen der Statistik finden können, daß oft genug Zusagendes überlaut verkündet, was nicht recht in den Kram passen will, aber gern verschwiegen wird, ist freilich richtig. Allein auch für die Statistik gilt eben der Ausspruch Wallensteins:

> Die Kunst ist redlich, doch dies falsche Herz
> Bringt Lug und Trug in den wahrhaft'gen Himmel.

Bewußte Entstellung des Tatbestandes braucht übrigens keineswegs immer vorzuliegen; oft genug beeinflußt eine vorgefaßte Meinung, ein vielleicht den edelsten Beweggründen entstammender Glaube unwillkürlich die Auswahl der Gesamtheit und die Feststellung der Merkmale. Genug davon! Den gewissenhaften Arbeiter erkennt man in der Statistik unfehlbar daran, daß er Mängel und Schwächen seines Materials ausführlich darlegt, auch auf die Gefahr hin, den Leser zu ermüden und ihm die Benutzung solch unsicherer Unterlagen ganz zu verleiden.

Mit größerem Recht hat man der amtlichen Statistik übergroße Wißbegier vorgeworfen. Es läßt sich in der Tat nicht verkennen, daß die Augen des Statistikers sehr oft größer sind als sein Magen, d. h. daß er häufig mehr Fragen stellt, als er schließlich verarbeiten kann. Selbstzucht und genaue Feststellung des Arbeitsplans vor Beginn der Erhebung sind hier vonnöten, um ein Übermaß zu verhüten. Man hat auch längst erkannt, daß zu weit gehende Neugier Vollständigkeit und Güte der Auskunft stark beeinträchtigt und im allgemeinen ist die amtliche Statistik sorgfältig darauf bedacht, die Geduld der Befragten keiner allzuharten Belastungsprobe zu unterwerfen. Der passive Widerstand der Objekte hat insofern auch seine guten Seiten gehabt und die Fragestellung zur Selbstbesinnung auf die wichtigsten Merkmale und ihre möglichst knappe und scharfe Erfassung veranlaßt.

Bei der räumlichen Ausdehnung des Beobachtungsfeldes und der Massenhaftigkeit der in Betracht kommenden Fälle oder Vorgänge ist der Sozialstatistiker nur ausnahmsweise in der Lage, die ursprüngliche Aufzeichnung selbst vorzunehmen, er muß sich vielmehr besonderer Mittelpersonen, wie der Zähler bei den Volkszählungen bedienen. Seine ganze Zählsfreudigkeit und Sachkenntnis auf diesen unter Umständen recht weiten Personenkreis zu übertragen, wird ihm aber schwerlich je gelingen. Es entspringt darum aus dieser Notwendigkeit der Arbeitsübertragung eine Fehlerquelle, die sich auch durch die genaueste Belehrung nicht ganz verstopfen läßt und im günstigeren Fall nur die Vollständigkeit, zuweilen aber auch die Qualität der Erhebung beeinflußt.

Nimmt man aber auf seiten des Fragestellers und seiner Hilfskräfte alle Schwierigkeiten als beseitigt an, so wird doch Güte und Vollständigkeit der geforderten Auskunft durch das Verhalten der befragten Objekte in hohem Grad beeinflußt. Von den Ausnahmefällen, in denen jede, auch die unschuldigste Auskunftserteilung aus triftigen Gründen nicht rätlich erscheint, können wir absehen. Dagegen ist mit der **Verständnislosigkeit** der Befragten für die Zwecke der Erhebung sehr zu rechnen, die sich in Widerwillen gegen die Erteilung der verlangten Antwort umsetzt. Dieser Umstand legt einmal die ohnedies notwendige möglichst präzise Fassung der Fragen nahe, damit der Auskunftsperson zeitraubendes Nachdenken erspart wird; zweitens aber ermahnt er zu weitgehendster Beschränkung des Umfangs der Fragestellung. Je einfacher und geringer an Zahl die Fragen sind, desto zuverlässiger im allgemeinen die Beantwortung! Doch nicht allein Widerwillen, auch **Gleichgültigkeit** vermag, zumal wenn sie mit der nötigen **Unwissenheit** gepaart ist, die Güte des gewonnenen Materials empfindlich zu beeinflussen. Das klassische Beispiel solch verhängnisvollen Einflusses ist die Vorliebe weiterer Bevölkerungskreise für runde Altersangaben. Einen Aufsatz von Sir J. A. Baines in der Zeitschrift der Londoner Statistischen Gesellschaft[1]) entnehmen wir deß zum Zeugnis auszugsweise die folgende Übersicht (S. 50), auf die späterhin zurückzukommen sein wird.

Die ungeheuerliche Bevorzugung der runden Altersangabe unter dem doppelten Einfluß von Kulturhöhe und Lebensalter springt in die Augen. Eine weitere stark verbreitete menschliche Schwäche ist die Alterseitelkeit der hochbetagten Greise und ihrer Angehörigen, die namentlich eine scharfe Nachprüfung der Angaben über angeblich hundert und mehr Jahre alte Personen notwendig macht,

---

[1]) Peradventures of an Indian life-table.

Alter in Jahren	Von je 10 000 der Gesamtbevölkerung standen im vorbezeichneten Alter:				
	im Deutschen Reich (1900)	in England und Wales (1901)	in d. Vereinigten Staaten (1900)		in Indien (1901)
			Weiße	Neger	
19	180	195	196	204	82
20	182	200	200	252	378
21	181	195	191	204	66
29	130	165	146	119	49
30	149	183	170	218	506
31	145	145	125	76	39
49	88	89	72	62	20
50	94	108	84	156	351
51	89	70	61	38	19
59	62	57	43	30	9
60	70	71	49	105	251
61	60	45	33	15	10

bei der geringen Zahl der in Betracht kommenden Greise aber immerhin nicht von allzugroßer Bedeutung ist. Die vielfach behauptete Beeinflussung der Altersangaben durch die weibliche Eitelkeit ist dagegen nicht einwandfrei erwiesen und aus verschiedenen Gründen kaum in der vorweg vermuteten Stärke vorhanden. Ein derartiger Nachweis ist natürlich nur dann möglich, wenn eine menschliche Schwäche und ihr Ausfluß, die Unwahrhaftigkeit in der Beantwortung der gestellten Fragen, als gleichgerichtete Massenerscheinung vorkommt; die einzelne Unwahrhaftigkeit dagegen entzieht sich, sofern sie nur einigermaßen geschickt vorgebracht wird, dem prüfenden Blick.

Nennen wir endlich noch als wichtigste Feinde zuverlässiger statistischer Erhebungen Argwohn und Mißtrauen der Befragten! Unausrottbar ist anscheinend die Vorstellung, als ob die statistische Erhebung lediglich den Deckmantel für böse Steuerabsichten darstelle. Nicht einmal die harmlose Volkszählung ist völlig frei von fiskalischem Verdacht, gleich als ob wir noch in den Zeiten der rohesten Kopfsteuern lebten, und diese Steuerfurcht verstärkt sich in dem Maße, in dem sich die Erhebung auf etwaige steuerbare

Objekte erstreckt. Die Wohnungs-, Betriebs- und die wirtschaftliche Statistik hat demgemäß am meisten unter ihr zu leiden. Das einzige Mittel zur Bekämpfung solcher Voreingenommenheit besteht in der häufigen Wiederholung derselben Fragen; sobald aber ein längerer Zeitraum zwischen zwei gleichartigen Erhebungen verstreicht, ist das alte Mißtrauen sofort wieder da. Wenn daher das fiskalische Interesse in vielen Fällen eine statistische Beobachtung dort ermöglicht, wo sie ohne solches ausgeschlossen wäre, so bedingt andererseits der Verdacht fiskalischer Zwecke bei manchen statistischen Erhebungen eine nicht zu unterschätzende Beeinträchtigung ihrer Genauigkeit.

Die Aufbereitung des Materials. Den Prozeß, mittelst dessen das in den Händen des Bearbeiters befindliche Material zu gebrauchsfertigen Tabellen umgeformt wird, bezeichnet man als Ausbeutung oder Aufbereitung. Bei allen irgendwie umfangreichen Erhebungen muß ihm die Prüfung und wenn nötig Ergänzung und Berichtigung des Materials voraufgehen. Allgemeine Regeln lassen sich für diesen wichtigen Teil der technisch-statistischen Arbeit nur mit geringem Nutzen aufstellen: der ganze Prozeß ist durch die besondere Aufgabe und die Eigenart des erhobenen Materials bedingt, sein Umfang schwankt von der einfachsten Übertragung der Einzelfälle in die endgültige Tabelle bis zu dem äußerst schwierigen und verwickelten Arbeitsverfahren unserer großen Berufs- und Betriebszählungen. Bei der Prüfung des Materials ist die Feststellung der Vollständigkeit eine verhältnismäßig einfache Aufgabe, um so schwieriger gestaltet sich häufig die Ausmerzung der Fehler. Vollständig gelingt diese nie und es ist schon grundsätzlich die Frage, ob lediglich die unmöglichen oder aber auch alle unwahrscheinlichen Angaben beanstandet werden dürfen. Bevorzugt man die letztere Entscheidung, so ist es eine Frage des statistischen Gefühls, wie eng man die Grenzen der Unwahrscheinlichkeit ziehen soll. Auch wenn die Prüfung nach beiden Richtungen durchgeführt ist, alle erreichbaren Ergänzungen nachgeholt und alle Berichtigungen vorgenommen worden sind, kann häufig die tabellarische Aufarbeitung noch nicht einsetzen. Wenn nämlich die einzelne Angabe nicht unzweideutig in das gleich zu erwähnende Ausbeutungsformular eingetragen werden kann, muß zunächst noch die sog. Auszeichnung des Materials, d. h. seine Überführung in eine die Eintragung zweifelsfrei ermöglichende Form erfolgen. Ein Beispiel hierfür ist die Auszeichnung des vom Befragten angegebenen Berufs mittelst Buchstaben und Zahlzeichen nach Abteilung, Gruppe und Art des zuvor aufgestellten systematischen Verzeichnisses der Berufe.

Mit der Ausfüllung des Ausbeutungsformulars vollzieht sich der eigentliche Übergang des Materials von der individuellen in die statistische Form. Die äußere Erscheinungsweise dieser letzteren ist bekanntlich die Tabelle, d. h. ein Gerippe senkrechter und wagrechter Linien, von denen indessen nur die senkrechten Linien gemeinhin sämtlich gezogen werden. Durch je zwei senkrechte Linien wird ein „Spalte" genannter Streifen, durch je zwei (gedachte) wagrechte Linien ein anderer begrenzt, der den Namen „Zeile" führt. Durch Kreuzung je eines senkrechten und wagrechten Streifens entsteht ein „Tabellenfach". Die Stoffgliederung der senkrechten Spalten wird durch die Wortbezeichnung im „Kopf" der Tabelle, jene der Zeilen durch die zuweilen „Vordruck" oder „Eingang" geheißene am linken Rand bestimmt. Bei großen Tabellen wird der Vordruck auch wohl am rechten Rand ganz oder in Abkürzung wiederholt. Einzelne in engeren Beziehungen stehende Teile der Tabelle werden durch stark ausgezogene oder doppelte Linien zusammengefaßt und vom übrigen Inhalt der Tabelle abgegrenzt.

Die sachliche Ausgestaltung des Ausbeutungsformulars hängt von der jeweils vorliegenden Aufgabe ab, es mag daher hier sein Bewenden bei der Anführung des durchaus zutreffenden Ausspruchs von G. v. Mayr haben, demzufolge „in der Entwerfung leichtverständlicher, nicht überladener, in Längs= und Querspalten gut ausgeglichener Tabellenformulare sich die Kunst des Statistikers zeigt".

Die Art der Überführung des Materials in Tabellenform ist verschieden. In ganz einfachen Fällen genügt die Einstrichelung jedes Einzelfalls oder jeder in Betracht kommenden Merkmalkombination in das zugehörige Tabellenfach. Gewöhnlich werden dabei vier Striche senkrecht und der fünfte quer durch die vier ersten gezogen, wodurch die Auszählung sehr erleichtert wird. Wegen der Unmöglichkeit, etwa begangene Fehler rasch aufzufinden, empfiehlt es sich indessen bei allen weniger einfachen Aufgaben und auch bei ganz einfachen, wenn die Zahl der Einzelfälle 200 übersteigt, die Einzelfälle auf Zählblättchen zu übertragen, diese nach den gewünschten Merkmalen oder Merkmalkombinationen auseinander zu legen und dann abzuzählen. Die technisch vollkommenste Form, die elektrische Auszählung, kommt nur bei massenhaftem, nach zahlreichen Merkmalen zu bearbeitendem Material in Betracht und kann in einer knappen Darstellung, wie der vorliegenden, nicht eingehend geschildert werden. Erfinder der elektrischen Zählmaschine ist der Deutsch-Amerikaner Hollerith, dessen Namen diese zuerst im Jahr 1890 bei den Volkszählungen in den Vereinigten Staaten und in Österreich zur Verwendung gelangte Auszählungsmethode darum auch trägt. Seit jener Zeit ist das Verfahren der elektrischen Auszählung oder, wie man richtiger sagen muß, Bearbeitung statistischen Materials in unablässiger Arbeit vervollkommnet und bei der Volkszählung von 1910 in verschiedenen deutschen Bundesstaaten angewendet worden. Auch die Statistik großer Betriebe verwendet die Hollerithschen Maschinen vielfach für schwierigere Auszählungen. Die Übertragung der Angaben der Erhebungspapiere erfolgt hier nicht mehr handschriftlich auf Zählblättchen, sondern mittelst Lochung besonders zubereiteter sog. Lochkarten durch eigne, von Hand zu bedienende Maschinen. Die gelochten Karten werden dann durch die Sortiermaschine vollkommen selbsttätig sortiert, alsdann von der Tabelliermaschine erfaßt und gleichfalls selbsttätig gezählt.

Nach den Ausbeutungsformularen, die wegen ihrer Ausführlichkeit gewöhnlich nicht veröffentlicht werden können, werden schließlich durch weitere Zusammenfassung von Einzelheiten die endgültigen Tabellen hergestellt. Indessen behalten jene ihren selbständigen Wert, denn sie müssen grundsätzlich in der Auseinanderhaltung der Einzelheiten soweit gehen, als dies der ganze Bearbeitungsplan irgend gestattet. Ist doch eine Zusammenfassung getrennter Zahlenangaben jederzeit eine Kleinigkeit, eine Trennung einmal in der Bearbeitung verschmolzener aber nur unter Rückgriff auf das Zählmaterial selbst möglich.

Mit diesen hier nur in aller Kürze beschriebenen Arbeiten ist der Prozeß der Sammlung und Umformung des statistischen Materials zum Abschluß gekommen. Wenn die technische Seite des Arbeitsverfahrens hier mehr angedeutet als beschrieben worden ist, so soll damit in keiner Weise gesagt sein, daß sie nur von untergeordneter Bedeutung sei. Vermag doch alle methodische Verfeinerung der Analyse fertiger Tabellen die mangelnde Sorgfalt in der

Sammlung und technischen Aufarbeitung des Materials nicht zu ersetzen: die Richtigkeit der ganzen Stellen ist — um an ein bekanntes Scherzwort zu erinnern — ebenso wichtig wie jene der Dezimalen.

Vierter Abschnitt.
Die Aufmachung der Ergebnisse.

Frage des „Was?" Hat die Arbeit des Statistikers sich bis dahin in der stillen Stube des Gelehrten, in der amtlichen Werkstätte oder wo immer sonst verborgen vollzogen, so handelt es sich jetzt, da die tabellarische Aufarbeitung beendet ist, um ihr Heraustreten in die Öffentlichkeit. Damit ist vorab die Frage des „Was" gegeben, d. h. es ist zu entscheiden, was aus den aufgearbeiteten Tabellen in die statistische Berichterstattung übernommen werden soll. Nun haben wir früher schon weise Beschränkung in der Sammlung und Zubereitung des Materials als wichtige Grundregel statistischer Tätigkeit erkannt und dieselbe Regel gilt auch für die weitere Stufe ihres Verfahrens, für die Aufmachung der Ergebnisse. Daß sie immer befolgt würde, läßt sich indessen nicht behaupten, wie ein Blick auf die endlosen Regale unserer statistischen Ämter zeigt, die ja bei weitem noch nicht die Gesamterzeugung auch nur der amtlichen Statistik beherbergen. Der Vergleich dieser Bibliotheken mit Zahlenfriedhöfen ist fast zum geflügelten Wort geworden, da eben niemand bestreiten kann, daß auf den zahlenübersäten Seiten unserer statistischen Veröffentlichungen gewöhnlich nur der nach Druckfehlern spähende Blick des Korrektors und kein Menschenauge seitdem geruht hat. Auch an die häufig ins Treffen geführte Bedeutung all dieser Zahlen als wertvolles Vergleichsmaterial für spätere Zeiten ist nicht recht zu glauben: die Auferstehungsstunde wird nur den wenigsten von ihnen schlagen, denn nirgends reiten die Toten schneller als in der Statistik. Die Gegenwart hat jeweils vollauf genug mit der Bewältigung ihrer eignen statistischen Produktion zu tun und es hat einstweilen nicht den Anschein, als ob deren Ergiebigkeit sobald schon nachlassen wollte. Andererseits liegt eine gewisse Tragik der amtlichen Statistik darin, daß sie die an sie herantretenden Sonderwünsche trotz aller Ausführlichkeit häufig doch nicht befriedigen kann. Denn der Statistiker mag zwar zum voraus wissen, welche von seinen Zusammenstellungen starker Nachfrage entgegenkommen werden, nicht dagegen, welche Nachweisungen überhaupt für irgend jemand von Bedeutung sein mögen. Es muß ihn in solchen Fällen eben das Bewußtsein trösten, daß es nicht wohl angängig ist, die Allgemeinheit mit den Kosten der Drucklegung für Dinge zu belasten, deren Kenntnis vermutlich nur ganz vereinzelten Menschen frommt.

Kombination von Merkmalen. Wie sich der Umfang des für die Bekanntgabe auszuwählenden Tabellenmaterials nach der Art der Aufgabe und den zur Verfügung stehenden Mitteln richten muß, so lassen sich auch für die Merkmalkombination der tabellarischen Nachweise keine festen Regeln geben. Nur im allgemeinen wird man sagen dürfen, daß der Statistiker sein Schifflein vorsichtig zwischen den Klippen der Materialzersplitterung durch überstarke Kombinierung und der Verwischung aller Unterschiede durch Bildung allzu umfassender Gruppen hindurchzusteuern hat. Wo die Fahrrinne im Einzelfall läuft, hängt zunächst von der Masse der Zähleinheiten ab. Für das Deutsche Reich im ganzen kann ich die Spalten weitgehender Merkmalkombinationen noch mit Tausendern füllen, während sie in der einzelnen Gemeinde lediglich Fehlstriche zeigen oder nur mit verirrten Einsern besetzt sein würden.

Material- und Ausdruckstabellen. Man hat die Tabellen nach den verschiedensten Einteilungsgründen zu gliedern versucht, ohne daß es bis jetzt zu einem anerkannten Sprachgebrauch gekommen wäre. So unterscheidet Seutemann Material- und Ausdruckstabellen. Unter Materialtabellen hat man solche zu verstehen, die ohne Rücksicht auf die gegenseitigen Beziehungen der den Tabelleninhalt bildenden Zahlen lediglich eine übersichtliche Nachweisung der Auszählungsergebnisse nach einzelnen Merkmalen vermitteln wollen. Hierher gehören etwa die einfachen Tabellen über Geschlecht und Konfession der Bevölkerung in den Ortschaftsverzeichnissen, also z. B. folgende Ausgliederung der Einwohnerschaft (S. 56).

Hier ist jedes der beiden untersuchten Merkmale unabhängig vom andern in seiner zahlenmäßigen Gestaltung nachgewiesen. Der Vordruck (s. o.) solcher Tabellen besteht in einer örtlichen oder zeitlichen Gliederung der untersuchten Erscheinung; z. B. — wie in dem umstehend mitgeteilten Schema — in der gemeindeweisen Übersicht der Auszählung der Bevölkerung nach Geschlecht und nach Glaubensbekenntnis oder in der Wiedergabe der Gesamtzahlen der Geborenen, Gestorbenen und Eheschließungen nach einzelnen Kalenderjahren usf.

Gemeinde	Einwohner							
(bzw. Amt, Kreis usw.)	insgesamt	männlich	weiblich	evangelisch	röm.-kath.	sonstige Christen	Israeliten	sonstiger Konfession

Jede genauere Zahlenanalyse gesellschaftlicher Vorgänge setzt aber die Aufstellung von **Ausdrucktabellen** voraus, die das Material nach verschiedenen Richtungen kombinieren. Freilich wird auch hier an Umfang verloren, was man an Inhalt gewinnt: je größer die Zahl der Kombinationen, desto geringer natürlich bei gleicher Masse der Einzelfälle der Zahleninhalt des einzelnen Tabellenfachs. Den richtigen Ausgleich zu finden vermag nur eine genaue Kenntnis der behandelten Materie, gepaart mit praktischer statistischer Erfahrung, denn auch drucktechnische Rücksichten und Verständnis für die Psyche des Zahlenlesers wollen bei der Entscheidung neben den sachlichen Bedürfnissen gehört sein. Im allgemeinen wird eine vierfache Merkmalskombination das äußerste sein, was einer Tabelle zugemutet werden darf, wenn sie noch übersichtlich bleiben soll.

Gruppenbildung. Nicht minder wichtig als die Bestimmung der Merkmale, nach denen einzeln oder kombiniert der Zählstoff ausgewiesen werden soll, ist die Bildung der Gruppen für die Ausgliederung der Zahlen. Als leitender Grundsatz bleibt auch hier die Vermeidung zu weitgehender Materialzersplitterung einerseits und überstarker Zusammendrängung des Zahlenstoffs andererseits bestehen. Den Stundenlohn der Arbeiter verschiedener Gewerbe in Lohnstufen darzustellen, die von Pfennig zu Pfennig fortschreiten hätte keinen Zweck, denn eine solche Nachweisung würde ohne gleichzeitige Berücksichtigung der Arbeitsstellung, des Alters und Geschlechts der Lohnempfänger nichts oder wenig besagen, währen doch eine Kombination dieser Merkmale mit Hunderten von Lohnstufen à 1 Pfennig schon drucktechnisch undenkbar wäre. Ebenso wenig wäre aber mit einer Abstufung der Stundenlöhne von zeh zu zehn Mark etwas anzufangen, da bei dieser wiederum alle charakteristischen Unterschiede in den viel zu umfangreichen Gruppe verschwinden würden. In solchen Fällen bleibt nichts übrig, als wiederholte Auszählung des Materials nach Gruppen von verschiedener Spannweite, danach Auswahl einer leicht zu überblickenden und gleichzeitig die erfaßte Erscheinung deutlich in ihrem Aufbau widerspiegelnden Einteilung. Eine solche Regel ist freilich leicht gegeben aber schwer zu befolgen. Der äußerlich glatte Verlauf der Zahlen kann unter Umständen zur Bevorzugung einer Einteilung führen, die der dargestellten Erscheinung Gewalt antut, vor allem gilt die Regel aber nur für quantitativ abstufbare Merkmale und bedarf auch bezüglich dieser noch einer Ergänzung. Es ist vielfach nämlich unzweckmäßig, eine Erscheinung nach gleichmäßig fortschreitenden Gruppen abzustufen. Stehen uns z. B. 20 Zeilen für die Gliederung der Einkommensteuerpflichtigen eines Landes zur Verfügung, so wäre es offenbar töricht, 20 gleiche Stufen zu 100 000 Mark zu bilden, wenn das höchste Einkommen zwei Millionen Mark beträgt, denn auf solche Weise würde sich die überwiegende Mehrzahl aller Fälle in der untersten Stufe zusammendrängen. Man wird vielmehr unter solchen Umständen Stufen mit allmählich wachsendem Spannrahmen bilden, deren Anordnung freilich wieder dem Geschick des Bearbeiters überlassen werden muß. Die Gestorbenen eines Kalenderjahres ferner gleichmäßig nach Altersjahrfünften etwa in Verbindung mit den Todesursachen auszugliedern, wäre wiederum ein sehr rohes Verfahren, das für die Untersuchung der Kindersterblichkeit in keiner Weise ausreichen würde, während andererseits die hierfür notwendige Auszählung nach erreichten Lebenstagen und danach Wochen bzw. Monaten für die höheren Altersklassen nicht mehr in Betracht kommt. Eine weitere Schwierigkeit quantitativer Gruppenabstufung schreibt sich von der verschiedenartigen Betrachtungsweise der Tabellen durch den Benutzer her. Wenn die Gesamtbevölkerung aus drucktechnischen Rücksichten nicht nach einzelnen Altersjahren ausgewiesen werden kann, so ist nichts natürlicher, als die Angaben für Altersjahrfünfte, von 0—5 Jahren usw., zu machen. Mit solcher Einteilung ist aber dem Schulmann nicht gedient, da die Volksschulpflicht im allgemeinen das Alter von 6—14 Jahren umfaßt, ebensowenig dem Kriminologen, für den das 12. Jahr — nach deutschen Verhältnissen — einen Einschnitt bildet, während ein Dritter wiederum an einer anderen Einteilung berechtigtes Interesse nimmt. Noch viel ungünstiger liegen die Dinge aber da, wo keine quantitative Abstufung des Merkmals, sondern nur eine Gruppierung nach sonstigen sachlichen oder logischen Prinzipien möglich ist. So bietet die zweckmäßigste Gruppierung der über 20 000 Berufsbezeichnungen, die zur Zeit im Deutschen Reich vorkommen, die größten Schwierigkeiten, die aber von jenen der Ausgliederung der Betriebe nach Gewerbearten womöglich noch übertroffen werden.

Übereinstimmung der Nachweisungen. Da die Seele der Statistik der Vergleich ist, aber nur verwandte Dinge miteinander verglichen werden können, hat jede in die Öffentlichkeit hinausgehende statistische Darstellung auf ihresgleichen Rücksicht zu nehmen. Wenn möglich in doppelter Beziehung: einmal auf die früheren Nachweisungen desselben Gegenstandes in gleicher räumlicher Begrenzung, also auf die eigenen Vorfahren, zum zweiten auch auf die Behandlung des gleichen Stoffes an anderen Orten. Die zweite Forderung ist bei weitem schwerer durchzusetzen, denn es bedarf zu diesem Behufe interlokaler, wo nicht gar internationaler Vereinbarungen, deren Durchführung schon bei den scheinbar einfachsten Aufstellungen großen Schwierigkeiten begegnet, bei denjenigen Materien aber, die von der Verwaltungseinrichtung und anderen örtlich oder national bedingten Umständen abhängen, nahezu ausgeschlossen ist. Die zahlenmäßige Vergleichbarkeit der Wiederholungen einer Erscheinung innerhalb derselben räumlichen Grenzen läßt sich in vielen Fällen leichter ermöglichen; oft genug wird aber auch auf sie nicht die gebührende Rücksicht genommen. Will man z. B. den Altersaufbau der Bevölkerung in den kleineren Verwaltungsbezirken eines bestimmten deutschen Einzelstaats zu verschiedenen Zeitpunkten vergleichen, so findet man im amtlichen Jahrbuch folgende Ausgliederungen:

für das Volkszählungsjahr			
1885	1890	1895	1900
nach 10 jährigen Altersklassen	nach 10 jährigen Altersklassen	nach 10 jährigen Altersklassen	0 — 6
unter 14 Jahre alt	unter 15 Jahre alt	6—14 Jahre alt	6 — 14
14 und mehr Jahre alt	15 und mehr Jahre alt	25 und mehr Jahre alt	14 — 25
6—14 Jahre alt	6—14 Jahre alt		25 — 50
			über 50 } Jahre alt

Die Altersangaben greifen also übereinander weg und können nur mit Hilfe unsicherer Ausgleichungsrechnungen zur Deckung gebracht werden. Wird darum die Einteilung geändert, so ist die doppelte Auszählung des Materials nach dem früheren und dem neuen Schema zur Aufrechterhaltung der Vergleichbarkeit mindestens bei der erstmaligen Änderung notwendig. Wenn aber in Fällen, wie dem eben angeführten, der Rückgriff auf handschriftliche Tabellen, Quellenwerke usw. die Schwierigkeiten zu heben vermag, so versagt dieses Auskunftsmittel in den weit zahlreicheren Fällen, in denen eine Änderung der Beobachtung die Verschiebung der Gruppen bedingt hat. Die Bestimmung über solche Änderung hat aber nicht der Statistiker, sondern gewöhnlich eine andere Stelle zu treffen, sie geschieht auch häufig nicht willkürlich, sondern im Gefolge irgendwelcher gesetzgeberischer oder Verwaltungsakte. So hat die Statistik des deutschen Außenhandels seit 1834 so viele Änderungen durch Spezialisierung und Neueinteilung der nachgewiesenen Warengattungen, Einbezug neuer Ländergebiete, Ausdehnung der Zollgrenzen neben der anderweitigen Festsetzung der Wertangaben, der Handelsarten usw. erfahren, daß eine durchlaufende Vergleichbarkeit nicht mehr besteht. Wohl jede historisch-statistische Untersuchung wird daher rückwärtsschreitend auf einen oder mehrere Punkte stoßen, von denen ab die Nachweisungen nicht mehr übereinstimmen; es ist aber freilich die Pflicht der statistischen Berichterstattung, auf solche Änderungen zum mindesten deutlich hinzuweisen und ihren Einfluß wenn möglich abzuschätzen.

Auch die Forderung nach Kontinuität der Nachweisungen hat indessen keinen Anspruch auf unbedingten Gehorsam von seiten der statistischen Berichterstattung; in voller Strenge befolgt, würde sie ja jeden Fortschritt ausschließen. Die Wahrung der Vergleichbarkeit hat aber offenbar nur dann Wert und Bedeutung, wenn die früheren Angaben gleichfalls schon genau waren. Erfolgt dagegen die Änderung eben in der Absicht, die Nachweisungen genauer und zuverlässiger zu machen, so wäre es unangebracht, einer rein mechanischen Vergleichbarkeit zuliebe den alten Ballast weiter zu schleppen. Wo eine Verbesserung als solche erkannt ist, muß die Gegenwart ihr „ungeheures Recht" rücksichtslos geltend machen: die Sorge um die Vergleichbarkeit darf nicht in schlaffen Quietismus ausarten. Gerade die regelmäßige Wiederkehr vieler statistischen

Erhebungen verleiht dem Trägheitsprinzip bei ihrer Bearbeitung ohnedies eine gefährliche Stärke und so manche durch die Tradition geheiligte tabellarische Aufstellung und textliche Ausführung dürfte ungeachtet ihrer seitenfüllenden Behaglichkeit füglich den Lösungsversuchen neuer Aufgaben geopfert werden.

Frage des „Wie?" Eine Statistik, die nicht benutzt wird, hat ihren Beruf verfehlt. Für jeden Statistiker, der seine Arbeit wirken lassen will, ist es daher ein Gebot der Klugheit, nicht nur die Frage des „Was", sondern auch jene des „Wie" zu bedenken, überdem Inhalt die Form der Veröffentlichung nicht zu vergessen. Demnach wird jetzt noch in aller Kürze der Ausdrucksmittel statistischer Darstellung zu gedenken sein. „Im Anfang war das Wort" — der Satz gilt, wie im ersten Abschnitt gezeigt worden ist, auch für die Statistik älterer Auffassung, die sogenannte Universitätsstatistik. Die aufkommende amtliche Statistik ließ aber bald allen Wortreichtum verdorren; unerfreulich kahl und öde sehen zumeist die Veröffentlichungen aus der ersten Hälfte des 19. Jahrhunderts aus: nacktes Tabellenwerk, dessen Blöße ein kurzer Begleitbericht an die übergeordnete Stelle nur notdürftig deckt. Indessen muß gerechterweise zugestanden werden, daß jene ersten Vertreter des berühmten furor numeri unter besonders ungünstigen Verhältnissen arbeiteten. Von allen Seiten strömte der Arbeitsstoff zusammen, indes die Hilfsmittel zu seiner Bewältigung doch noch sehr bescheiden waren. Die Technik statistischer Erhebung und Aufarbeitung lag noch in den Windeln, die Zahl der wissenschaftlichen Hilfskräfte der statistischen Zentralbehörden war lächerlich gering, irgendwelches Vorbild fehlte.

Für die meisten Konsumenten der Statistik ist aber der Gedanke schrecklich, die Zahlenwüste eines solchen Quellenwerks ohne Führer zu durchqueren; so blieben denn die gewaltige Arbeit der Aufbereitung des Materials und die Kosten der Drucklegung zumeist schmählich vertan. Mehr und mehr brach sich daher die Überzeugung Bahn, daß es notwendig sei, den stummen Zahlen den „Mund zu öffnen" (Rümelin). Dies geschieht durch die textliche Erläuterung des Zahlenwerks, die freilich nicht in geistloser Weise lediglich das Maximum und Minimum aus den einzelnen Tabellen wiederholen darf, sondern die Ergebnisse in einen größeren Zusammenhang einzustellen und ihre inneren Beziehungen aufzuzeigen hat.

Oft wird ja diese Arbeit dem Kenner der behandelten Materie zu überlassen sein, indes verschafft die statistische Aufbereitung regelmäßig dem denkenden Bearbeiter so manche Kenntnis und Vermutung, die er füglich zu Nutz und Frommen der Sache selbst zum Ausdruck bringen darf. Es ist darum eine ungerechtfertigte Zumutung an den Begleittext einer statistischen Darstellung, sich mit dem Wiederkäuen des Zahlenwerks zu begnügen. Vielmehr findet sich mit Recht häufig im Text eine abermalige weitergehende Konzentration des Zahlenmaterials in Gestalt kleiner, oft winziger Tabellen, der sogenannten Texttabellen. Sie dienen zur Einführung in das Studium des tabellarischen Teils für die wenigen, die ein solches beabsichtigen oder gar durchführen, und als Wiedergabe des tabellarischen Bildes in großen Zügen für die Mehrzahl derer, die sich mit der Durchsicht des Textes begnügen. Der erläuternde Text selbst endlich braucht nicht notwendig jeden stilistischen Reizes bar zu sein: er soll ja wirken. So hält man denn heute auch nicht mehr, wie dem Anschein nach häufig in früherer Zeit, einen gefälligen Text für eine Art statistischer Unkeuschheit, jedenfalls aber für unvereinbar mit dem Ernst und der Gediegenheit des Zahleninhalts.

Die graphische Darstellung.[1]) Bei aller Sorgfalt, die auf den tabellarischen und danach auf den textlichen Teil einer Veröffentlichung statistischen Charakters verwendet werden mag, müßte die Kenntnis des wichtigsten Inhalts solcher Veröffentlichungen doch auf einen kleinen Kreis beschränkt bleiben, wenn nicht in der graphischen Darstellung ein mächtiges Hilfsmittel für die Verbreitung statistischer Angaben zu Gebote stünde. Auch sie ist freilich von den Statistikern alten Stils mit Äußerungen lebhaften Mißfallens, ja Abscheus bei ihrem Erscheinen begrüßt worden, allein sie hat längst und namentlich in unserer schaufreudigen Zeit sich Anerkennung und Zuneigung erzwungen. Sie trägt freilich, soweit sie nur als Mittel sinnfälliger Veranschaulichung benutzt wird, nichts zu dem in der Tabelle vorrätigen Wissen bei, wohl aber wird durch sie eine rudimentäre Kenntnis statistischer Angaben auch in Kreise getragen,

---

[1]) Mit Rücksicht auf die Ausgabe eines eigenen Bändchens „Graphische Darstellungen" in dieser Sammlung — ANuG 437 — ist der folgende Abschnitt stark zusammengedrängt worden.

die auf andere Weise nie zu solcher gelangen würden. Der Grund dieser Wirkungsfähigkeit ist offensichtlich: die Tabelle und ihr Begleittext wenden sich an den diskursiven Verstand; sie sind gründlich, aber ermüdend. Das Graphikon hingegen spricht zum Gemüt; es ist oberflächlich, schmeichelt sich aber ein. Man hat die Tabelle wohl als das ehrsame Hauskleid der Statistik bezeichnet, das Graphikon als deren Sonntagsstaat. Und in der Tat, im Sonntagsstaat kann die Statistik mit allerlei koketten Mittelchen aufzufallen suchen; bald in feineren Formen, bald in derberer Weise lockt sie ihre Verehrer an. Da nun die Popularisierung von Zahlenangaben der Zweck der Schaulinienzeichnung ist, so muß leicht faßliche Anschaulichkeit ihre vornehmste Sorge sein. Selbst diskrete Ideenassoziationen, in der gewählten Form zum Ausdruck kommende Anklänge an den Inhalt des Dargestellten sind gerne gestattet, so wenn etwa ein steigender Preis durch Kreise mit zunehmendem Durchmesser — im Hinblick auf die Größe der Münze — symbolisiert wird, die Sterblichkeit an verschiedenen Todesursachen durch leichensteinähnliche Tafeln usf.

Auf die Bedeutung der graphischen Darstellung für die Analyse zahlenmäßig ausgedrückter Erscheinungen wird späterhin noch zurückzukommen sein, an dieser Stelle ist sie lediglich in ihrer Eigenschaft als bequemes Veranschaulichungsmittel von Zahlengrößen ohne Rücksicht auf irgendwelche Verhältnisse der Abhängigkeit und sonstige Beziehungen zwischen diesen zu behandeln. Im allgemeinen begnügt man sich bei der Verdeutlichung statistischer Ergebnisse mit zwei Arten graphischer Darstellungsmittel, den Kartogrammen und den Diagrammen. Unter diesen sind wiederum die Diagramme, die den Zweck der Veranschaulichung statistischer Daten durch Übersetzung in geometrische Figuren verfolgen, so viel verbreiteter, daß es bei einer kurzen Nachweisung ihrer wichtigsten Erscheinungsformen sein Bewenden haben kann.

Linien- und Flächendiagramme. Das gebräuchlichste Schema des Liniendiagrammes ist das rechtwinklige Koordinatensystem. Auf der als Abszissenachse dienenden wagrechten Geraden werden Abschnitte von gleicher Größe entsprechend den gewählten Abstufungen der unabhängig Veränderlichen abgetragen. Auf dem Endpunkt gegebenenfalls auch im Mittelpunkt jedes solchen Abschnitts wird eine Senkrechte (Ordinate) errichtet, deren Höhe dem zugehörigen Zahlenwert der Funktion, der abhängig Veränderlichen, entspricht

Die weitaus häufigste Anwendung ist jene, bei der als unabhängig Veränderlichen (Abzisse) die gleichmäßig fortlaufende objektive Zeit verwendet wird, denn einmal spielt sich jeder Vorgang in der Zeit ab und läßt sich darum als Funktion des Zeitablaufs auffassen, zweitens aber kann dieser selbst in beliebige gleiche Abschnitte (Jahrzehnte, Jahre, Tage usf.) eingeteilt werden. Das Liniendiagramm nimmt sonach in all diesen Fällen die erzählende Form an.

Jeder tüchtige Schneider weiß, daß man einen korpulenten Herrn durch Betonung der senkrechten Linie im Muster des Anzugs schlanker erscheinen lassen kann, durch ein kariertes Dessin ihn aber noch unförmlicher macht. Viel mehr noch ist der Verfertiger einer graphischen Darstellung in der Lage, durch geschickte Wahl des Größenverhältnisses zwischen den Abzissen- und Ordinatenabschnitten jeden beliebigen Eindruck hervorzurufen. Übermäßig breite Abzissen verleihen der gleichen Entwicklung eine ruhige Note, die bei unverhältnismäßiger Ausdehnung der Ordinateneinheit einen aufgeregt sprunghaften Verlauf nimmt. Da allgemeine Regeln für die Festsetzung dieses Größenverhältnisses sich kaum angeben lassen und wohl auch schwerlich befolgt würden, muß die Entscheidung im Einzelfall nach bestem Wissen und Gewissen getroffen werden. Dasselbe gilt auch von der Beurteilung der Frage, ob die Skala für die Ordinaten den Gesamtumfang der dargestellten Erscheinung zu berücksichtigen hat, oder aber gegebenenfalls mit dem niedersten vorkommenden Wert beginnen kann. In letzterem Fall erscheinen freilich die Schwankungen unverhältnismäßig groß, so daß theoretisch die Verwendung der ganzen Skala das Richtige ist; doch scheitert in der Praxis die Durchführung dieser Forderung häufig an der Beschränktheit des verfügbaren Raumes. Der Normenausschuß der deutschen Industrie hat neuerdings in sehr verdienstlicher Weise Leitsätze für die Anfertigung von Diagrammen ausgearbeitet.

Auf einem und demselben Liniendiagramm können — wenn nötig unter Benutzung verschiedener Maßstäbe — mehrere gleichzeitige Entwicklungsreihen abgebildet werden. In diesem Falle ist für eine deutliche Auseinanderhaltung der Linien zu sorgen (Farben, Punktierung usf.) und stets im Auge zu behalten, daß mehrfache Überschneidung der Linien die Verfolgung des Verlaufs der einzelnen Linie unter allen Umständen empfindlich beeinträchtigt. Das **Kreisdiagramm**, eine immerhin seltenere Form des Liniendiagramms, wird gewöhnlich dann gewählt, wenn regelmäßig wiederkehrende, namentlich kosmisch beeinflußte Erscheinungen darzustellen sind.

Während das Liniendiagramm bei allem Bestreben, anschaulich zu sein, doch die strenge geometrische Form wahren muß, läßt das Flächendiagramm auch symbolische Figuren als Ausdrucksmittel zu. Da stellt etwa ein Soldat in deutscher, französischer, russischer Uniform durch seine verschiedenen Abmessungen die Heeresstärke dieser Länder dar, Posthörner verschiedener Größe symbolisieren die Zahl der Postanstalten, Lokomotiven die kilometrische Länge des Eisenbahnnetzes u. a. m. Die Genauigkeit solcher Figuren läßt zwar, namentlich auch im Hinblick auf die oft zweifelhaft bleibende Berechnungsweise, unter Umständen viel zu wünschen übrig, indessen kommt es auf Exaktheit bei der graphischen Darstellung auch weniger an, die ja nicht die Tabelle ersetzen, sondern sie nur ergänzen soll. Jedenfalls dienen gerade solche, auch in vielen Zeitungen mit Vorliebe abgedruckten Bilderdiagramme am meisten der Verbreitung elementarer statistischer Größenvorstellungen.

Fünfter Abschnitt.
Die Vereinfachung der Ergebnisse.

Elementare und mathematische Behandlung. Wenn bis zu diesem Punkt des statistischen Arbeitsverfahrens ungeachtet aller Verschiedenheiten in der Beurteilung einzelner Fragen doch die Auffassung des Charakters und die Bewertung der wichtigeren Handgriffe im ganzen übereinstimmen dürfte, so ändert sich die Sachlage gründlich, sobald die Ausnutzung des Zahlenstoffs in Betracht kommt. Will man der Einfachheit halber kurze Schlagworte wählen, so kann man die **deutsche** und **englische** Auffassung einander gegenüberstellen. Die deutsche Auffassung versteht unter der weiteren Ausnutzung des Zahlenstoffs vor allem dessen sorgfältige Zerlegung, die Aufweisung von Größenunterschieden im Gefüge und Verlauf der Zahlen, die englische Anschauung strebt nach möglichst knapper Zusammenfassung des Stoffes in wenigen bedeutsamen Formeln. „Die geordnete Beschreibung des Festgestellten" und die analytische Bearbeitung durch vergleichende Gegenüberstellung mit anderweitigen statistischen Ergebnissen weist v. Mayr der wissenschaftlichen

Verwertung des Zahlenstoffs als Aufgabe an, „darüber hinaus die Zutat der Heranziehung anderweitiger nicht dem Gebiet der Statistik angehöriger Ergebnisse der Beobachtung von Natur- und Gesellschaftsverhältnissen, welchen möglicherweise ein Einfluß auf die Gestaltung konkreter statistischer Ergebnisse zukommt". Der Engländer Bowley dagegen gibt die Anweisung: „den Zahlenstoff in einige wenige bedeutsame Durchschnittszahlen zusammenzudrängen und ihren genauen Sinn in möglichst wenigen und klaren Worten zu beschreiben, denn im allgemeinen wird nur das Ergebnis dieser Konzentration gebraucht und benutzt". Die deutsche Auffassung betrachtet also als konsumreifes Fertigfabrikat des statistischen Arbeitsprozesses, was die englische noch einer weiteren energischen Vereinfachung unterwerfen zu sollen glaubt. Über den Vorzug der einen oder anderen Auffassung läßt sich schwer rechten; es wird wohl im Grunde auf den Zweck ankommen, dem eine statistische Untersuchung dienen soll. Das englische Bestreben, den Zahlenstoff nach Möglichkeit „auf Formeln zu ziehen", bedingt die ausgedehnte Verwendung mathematischer Behelfe, in erster Linie gründliche Kenntnis der Wahrscheinlichkeitsrechnung. Es wird daher immer eine esoterische Statistik liefern, deren Verständnis auf einen engen Kreis von Fachgelehrten beschränkt ist. Diese mathematische Fassung statistischer Fragen hat aber in den letzten Jahrzehnten in England eine erstaunliche Förderung erfahren und insbesondere auch die statistische Behandlung naturwissenschaftlicher Aufgaben entscheidend beeinflußt. Ihre Bedeutung für die Sozialstatistik vermögen wir dagegen nicht ebenso hoch einzuschätzen. Die Darstellung der Ergebnisse statistischer Erhebungen in wenigen mathematisch formulierten Ausdrücken täuscht eine Exaktheit und Eindeutigkeit vor, die mit der Sicherheit der Unterlagen, aus denen sie gewonnen sind, oft in seltsamem Gegensatz steht; sie schließt aber auch bei dem gleichzeitig üblichen weitgehenden Verzicht auf Wiedergabe des ursprünglichen Tabellenmaterials eine Nachprüfung und selbständige Benutzung des Zahlenstoffs durch einen anderen Bearbeiter meist vollständig aus. Wenn so die englische Auffassung eine gewisse Geringschätzung gegenüber den Grundzahlen zeigt, so darf anderseits nicht verkannt werden, daß die deutsche Auffassung mindestens bis vor kurzer Zeit einigermaßen rückständig geblieben ist und auch derjenigen mathematischen Hilfsmittel sich nur selten bedient hat, die zu weiterer Analysierung des Zahlenstoffs in ihrem eigenen Sinn sehr wohl verwendbar, zuweilen sogar schlechthin notwendig sind.

In dem vorliegenden Werkchen, das mit einem größeren Kreis nicht mathematisch geschulter deutscher Leser zu rechnen hat, wird auch die weitere Darstellung gemäß dem deutschen Sprachgebrauch und der bei uns üblichen Auffassung sich mit einer Nachweisung der elementaren Formen der Vereinfachung des Zahlenstoffs zu begnügen haben; einige namhaftere hierher gehörige Werke vorwiegend mathematischen Charakters findet der Leser im Literaturverzeichnis des Abschnitts genannt.

Reihentypen. Unsere Zähleinheiten liegen jetzt, zu Gruppen vereinigt, in der verschiedensten Ausgliederung vor uns. Eine gemeinsame Überschrift im Kopf (oder Vordruck) der Tabelle hält eine Spalte (oder Zeile) zusammen und zerlegt die zu dieser gehörigen Zähleinheiten nach den im Vordruck (oder Kopf) ausgewiesenen zeitlichen, räumlichen, quantitativen usw. Merkmalen. Da wir voraussetzen, daß eine weitere Bearbeitung der so ausgegliederten Gruppenzahlen noch nicht erfolgt ist, so haben wir es vorderhand ausschließlich mit absoluten Zahlen zu tun. Jede einzelne dieser Gruppenzahlen für sich besagt wenig oder vielmehr gar nichts, denn das wenige, was sie aussagt, kommt nur dadurch zustande, daß sie irgendwelche andere uns bekannte Größenvorstellungen wachruft und sich selbst mit diesen mißt — ein Vorgang, dessen wir uns zumeist gar nicht bewußt werden. Allein die einzelne Gruppenzahl bildet mit anderen ihresgleichen eine R e i h e, und indem ich das Auge an dieser entlang gleiten lasse, gewinne ich eine gewisse Vorstellung vom Inhalt der Reihe. Wiederholt man diese Tätigkeit an zahlreichen anderen Reihen, so entdeckt man leicht gemeinsame Züge, die man zur Bildung von Reihentypen benutzen kann. Besonders gefällig erweist sich hier wiederum der in gleichmäßige Abschnitte einzuteilende Zeitverlauf, von dem schon oben bei der Besprechung der Liniendiagramme die Rede war. Ungeachtet aller Schwankungen im einzelnen wird doch bei vielen zeitlichen Reihen ein deutliches Streben nach oben oder nach unten, vielleicht auch der Mangel einer bestimmten Zielrichtung zu erkennen sein. Vergleichen wir z. B. die folgenden Reihen der natürlichen Bevölkerungsbewegung im Gebiet des Deutschen Reiches (Zahlen in runden Tausenden):

Reihentypen

Durchschnittlich jährlich

im Jahrzehnt	A geschlossene Ehen	B Geborene einschl. Totgeb.	C Gestorbene	D Unehel. Geborene
1861/70	337	1532	1124	176
1871/80	369	1744	1233	155
1881/90	368	1799	1247	167
1891/1900	431	1964	1234	179
1901/1910	485	2061	1195	178

Die Reihen A und B steigen auf; C und D zeigen keine einheitliche Bewegung, würden aber bei ihnen die Verhältniszahlen auf 1000 Einwohner (s. u.) an Stelle der Grundzahlen genommen, so müßte eine starke Abnahmetendenz hervortreten. Reihen mit aufsteigender Zielrichtung nennt man positiv evolutorisch, solche mit absteigender negativ evolutorisch. Zu jenen gehört unter gewöhnlichen Verhältnissen die Bevölkerungszahl eines Landes samt Gütererzeugung und Verbrauch, überhaupt die Mehrzahl der gesellschaftlichen Massenerscheinungen. Negativ evolutorisch sind von Reihen absoluter Zahlen etwa jene der Analphabeten in den Kulturländern, jene der Sterbefälle an bestimmten ansteckenden Krankheiten, die Zahl der Schafe in Deutschland usf. Die Stärke der Tendenz läßt sich ungefähr durch die Größe des Winkels messen, den eine aus freier Hand gleichmäßig zwischen den Endpunkten der Ordinaten (s. o.) hindurchgezogene gerade Linie mit der positiven oder negativen Richtung der Abszissenachse bilden würde. Die ansteigende oder absteigende Grundrichtung schließt aber nicht aus, daß in einzelnen Teilen der Reihe sich Bewegungen wellenförmiger Art zeigen und gegebenenfalls auch in größeren oder kleineren Abständen wiederholen. Das Wirtschaftsleben der meisten Kulturländer z. B., soweit es im Wert des Außenhandels oder irgendwelchen zahlenmäßig ersetzbaren Erscheinungen der nationalen Gütererzeugung seinen Ausdruck findet, bewegt sich vielleicht jahrzehntelang in aufsteigender Linie, gleichwohl wechseln Zeiten günstiger und ungünstiger Konjunktur miteinander ab. Auf diese Weise ranken sich — graphisch versinnbildlicht — die Einzelwerte der Reihe um die durch eine auf- oder absteigende Gerade dargestellte Grundrichtung. Im wirtschaftlichen Leben sind derartige Erscheinungen gang und gäbe; neben den Perioden mit großer, 5 bis 10 Jahre umfassender Wellenlänge kennt es aber auch kurzwellige Perioden in den jährlich wiederkehrenden Schwankungen der Arbeitslosigkeit. Kosmisch bedingte oder mitbedingte Vorgänge wie die jahreszeitlichen Schwankungen der Sterblichkeit an bestimmten Krankheiten, die gleichfalls eine auf- oder absteigende Grundtendenz begleiten können, sind weitere Beispiele eines solchen Reihenverlaufs.

Reihenverlauf und Reihengefüge. Die zeitlichen Reihen, wenn wir sie so der Kürze halber bezeichnen wollen, machen indes nur einen kleinen Teil derjenigen Zahlenreihen aus, deren Inhalt die Spalten und Zeilen unserer Tabellen füllt. Bei den anderen Reihen, denen eine räumliche, sachliche oder rein quantitative Ausgliederung zugrunde liegt, wird man von einem Verlauf im strengen Sinne nicht reden können; ihre Zusammensetzung stellt keinen Verlauf, sondern ein Gefüge dar. Eher lassen sich umgekehrt die zeitlichen Reihen, wenn auch etwas gewaltsam, auf ihr Gefüge hin untersuchen. In diesem Fall betrachten wir den seitherigen Ablauf der Erscheinung als abgeschlossene Totalität und die für die einzelnen Zeitabschnitte ermittelten Werte als deren Teilmassen. Indessen hat diese Betrachtungsweise etwas Verkünsteltes; es liegt auch kaum ein Anlaß vor, sämtliche Arten von Reihen durchaus auf einen gemeinsamen Nenner zu bringen.

Die Untersuchung des Gefüges führt zur Scheidung der Reihen in typische und in nicht typische. Die Ermittlung und die Untersuchung typischer Reihen im strengen Wortsinn ist eine Aufgabe der mathematischen Statistik. Bei ihnen gruppieren sich die Einzelwerte um den Mittelwert nach dem sogenannten Fehlergesetz. Der Mittelwert (s. u.) ist der Typus, dessen Verwirklichung in jedem einzelnen Fall erstrebt, aber wegen der zufälligen Begleitumstände des Einzelfalls, der „Störungen", nur ausnahmsweise in völliger Reinheit erreicht wird. An den zufälligen Fehlern astronomischer Beobachtungen ist diese „Fehlertheorie" zuerst ausgebildet und von der Astronomie dann auf die Biologie, im speziellen wiederum auf die Anthropometrie, übertragen worden. Das Wirken der Natur — so läßt sich der Sinn dieser Rechnung in der Biologie etwa ausdrücken — vollzieht sich in weitem Umkreis nach einer Art von platonischen Ideen; nach einem gedanklichen Idealexemplar sucht die Natur ihre Geschöpfe zu formen, aber nur ausnahmsweise gerät ihr eines in voller Übereinstimmung mit dem Ideal. Denn in jedem Einzelfalle wirkt eine unendlich große Zahl störender Einflüsse ein, die ebenso leicht nach der (sagen wir) positiven wie nach der negativen Seite wirken können. Die Wirkungen dieser Störungen werden sich, eben dieses letzteren Umstandes wegen, zumeist annähernd ausgleichen. Fälle, die in positiver oder negativer Richtung sich vom idealen, vom Mittelwert entfernen, werden daher um so seltener werden, je mehr die Entfernung zunimmt. Mit dieser aus der Wahrscheinlichkeitsrechnung fließenden Annahme stimmen die auf dem statistischen Weg der Auszählung ermittelten Tatsachen bei naturhaften Erscheinungen in weitem Umfang überein. In der Tat lehrt ja auch schon die gemeine Erfahrung des täglichen Lebens, daß Zwerge und Riesen Ausnahmen sind; für die Masse des Mittelguts aber, das sich zwischen den Extremen breit macht, hat schon der Sprachgebrauch zahlreiche, zuweilen etwas abschätzige Bezeichnungen geprägt. Von dem einfachsten Typus der gleichästigen Gaußschen Fehlerkurve ausgehend, hat die mathematische Statistik der Engländer dann weitere Grundtypen statistischer Reihen aufgestellt und in mühsamer, scharfsinniger Rechenarbeit um die mathematische Deutung empirischer Zahlenreihen sich bemüht. Über den Erkenntniswert dieser noch in starkem Fluß befindlichen Bestrebungen läßt sich ein endgültiges Urteil vorerst nicht fällen. Fest steht nur das eine, daß die sozialen Tatsachen und Vorgänge sich weit widerwilliger der mathematischen Ausdeutung fügen, als etwa die biologischen. Die elementare Behandlung sozialstatistischer Reihen vermag jene zweifellos in weitaus den meisten Fällen nicht entbehrlich zu machen. Dies gilt vor allem auch für die große Mehrheit der nicht typischen Reihen, bei denen gerade die Einzelheiten der Gliederung von großer praktischer Bedeutung sind und nicht irgendwelcher eleganten Formulierung geopfert werden dürfen. Auf diese elementaren Mittel der Charakterisierung wird sich daher die folgende Darstellung beschränken.

Richtigkeit und Vollständigkeit der Angaben. Die Richtigkeit der Angaben muß der Benutzer der Tabellen voraussetzen dürfen, soweit nicht der Begleittext selbst einschränkende Vorbehalte macht. Rechen- oder Druckfehler von Bedeutung kommen in dem Zahlengewirr des Tabellenwerks natürlich oft genug vor, können aber aus der Summierung oder nach den etwa beigegebenen Verhältniszahlen meist leicht berichtigt werden. Große Sprünge bei im ganzen stetig verlaufenden Erscheinungen sind ohne weiteres ver-

V. Die Vereinfachung der Ergebnisse

Jahr	Gestorbene absolut	auf 1000 Einwohner
1890	13898	22,72
1891	15404	24,36
1892	26224	40,87
1893	13678	21,15
1894	12543	19,07

dächtig, aber nicht ohne weiteres ausgeschlossen. In der nebenstehenden Ausweisung der Sterbefälle eines deutschen Bundesstaats scheint z. B. die Jahresangabe für 1892 auf einem Irrtum zu beruhen. Allein der Bundesstaat ist Hamburg und 1892 war das Cholerajahr; die Angabe ist daher richtig, was auch aus dem Umstand der entsprechend erhöhten Verhältniszahl mit hinreichender Sicherheit vermutet werden durfte.

Größere Sorge als solche vereinzelte Schwächeanfälle des Rechners oder „Mißgriffe" des Setzers hat gewissenhaften Statistikern das Bewußtsein bereitet, daß kaum eine Statistik je ganz genau sein kann. Auslassungen, Doppelzählungen, irrtümliche Einreihungen infolge mißverständlicher Auffassung und andere Fehler sind niemals völlig zu vermeiden. So ist denn der Vorschlag gemacht worden, unsichere Zahlenangaben auf so viele Stellen abzurunden, als die Unsicherheit sich erstreckt und die mutmaßliche Fehlergrenze hinzuzufügen. Praktisch durchführbar ist dieser Vorschlag aber nicht, und theoretisch dürfte es gleichfalls bedenklich sein, durch Mitteilung der niemals genau bekannten Fehlergrenzen den Anschein eines nicht vorhandenen Wissens zu erwecken. Das Ergebnis der Zählung muß so, wie es ausgefallen ist, mitgeteilt werden; einschränkende allgemeine Bemerkungen bezüglich seiner Sicherheit gehören in den Text und nicht in das Tabellenwerk. Eine andere Frage, die aber hier gleich abgemacht sein mag, ist die, ob die Abrundung der Zahlen nicht im Interesse leichterer Übersichtlichkeit häufiger angewendet werden sollte, als es in der deutschen Statistik gemeinhin geschieht. Soweit das eigentliche Tabellenwerk in Frage kommt, halten wir auch die so begründete Abrundung für unzulässig, wohl aber könnte der Begleittext und die sonstige Verwertung der Originalzahlen den Ballast der letzten Stellen häufig unbedenklich auswerfen.

Mit der Technik der Ausfüllung von Lücken des Zahlenmaterials, die in den statistischen Lehrbüchern zuweilen umständlich erörtert wird, glauben wir uns nicht lange aufhalten zu sollen, ist doch der Begriff „Lücke" recht dehnbar. Auch im Tabellenwerk der ausführ-

Mängel und Lücken des Materials

lichsten statistischen Nachweisungen wird dieser oder jener die eine oder andere Ausgliederung vermissen, die gerade für ihn von Wert sein mag. Lücken in der fortlaufenden Berichterstattung aber gehören immerhin zu den Seltenheiten; wo sie dennoch anzutreffen sind, führt eine einfache Rückfrage bei der zuständigen Stelle zuweilen besser zum Ziel, als die selbständige Ausfüllung durch Interpolation. Bedient sich diese auch mancher sehr sinnreicher Methoden, so bleibt sie doch immer unsicher und es ist schließlich Geschmacksache, ob man in einer Galerie einen Meister lieber überhaupt nicht oder nur durch ein Bild von zweifelhafter Echtheit vertreten sehen möchte.

Endlich mag noch auf diejenigen Mängel der Zahlenangaben hingewiesen werden, die nicht als zufällige und gelegentliche angesehen werden dürfen, sondern durch Summierung in gleicher Richtung sich bewegender falschen Angaben systematisch hervorgerufen werden. Ihre Entstehungsweise ist im dritten Abschnitt bei der Schilderung des Einflusses der menschlichen Schwächen auf die Ergebnisse statistischer Auszählungen dargelegt worden. Als typisches Beispiel dürfen wir die oben (S. 50) wiedergegebene Tabelle über die Verteilung der Gesamtbevölkerung auf einzelne für die Berichterstattung kritische Altersjahre ansehen. Es bedarf wohl keiner weitschichtigen Erörterungen, um die Schwierigkeiten einer Zurückführung so offenkundig falscher Angaben, wie sie diese Tabelle enthält, auf die mutmaßlich richtige Verteilung darzutun. Das diesem Zweck dienende Verfahren der Ausgleichung von Zählergebnissen weist denn auch eine reiche Skala von Formeln von den einfachsten bis zu den verwickeltsten, in der Sterblichkeitsmessung und Versicherungsrechnung verwendeten, auf. Ein elementares, freilich auch rohes Verfahren sucht dem durch systematische Fehler gestörten Verlauf einer Erscheinung dadurch einen stetigeren Gang zu verleihen, daß es an Stelle jedes Einzelwertes der Reihe das arithmetische Mittel aus ihm selbst und den beiden benachbarten Werten setzt. Statt dieser drei Einzelwerte kann auch je nach der Besonderheit des Falls eine andere ungerade Zahl von den Werten genommen werden, deren mittelster eben der zu ersetzende Wert ist.

Bezeichnet man also die einzelnen Gruppenwerte einer Reihe wie folgt:

Altersklasse (Jahre)	37—38	38—39	39—40	40—41	41—42	42—43	43—44
Bezeichnung	a_1	a_2	a_3	a_4	a_5	a_6	a_7

so würde z. B. der Wert a_4 entweder durch $\frac{a_3 + a_4 + a_5}{3}$ oder durch $\frac{a_2 + a_3 + a_4 + a_5 + a_6}{5}$ oder endlich durch $\frac{a_1 + a_2 + a_3 + a_4 + a_5 + a_6 + a_7}{7}$ zu ersetzen sein.

Bei allen derartigen Ausgleichungsrechnungen muß man freilich stets im Gedächtnis behalten, daß auch die scharfsinnigste Rechnung trotz aller formalen Genauigkeit niemals die wirkliche Zählung an Wert erreicht. Die Arbeit, die auf eine Verbesserung der Zählergebnisse verwandt wird, sei es unmittelbar durch vermehrte Sorgfalt der Aufnahme und Aufarbeitung oder mittelbar durch Hebung des staatsbürgerlichen Verständnisses und Verantwortlichkeitsgefühls, ist darum bedeutungsvoller für die Ergebnisse der Statistik als die weitgehendste Verfeinerung der Rechenmethoden.

Koordination und Gliederung. Schon die bisherigen Ausführungen dieses Abschnitts haben den Hinweis auf Verhältniszahlen nicht ganz umgehen können und keine tiefer eindringende Ausnutzung eines Zahlenwerks wird ohne solche auskommen. Nicht, als ob die Grundzahlen für sich allein keinen Wert beanspruchen könnten; im Gegenteil: den Bedürfnissen der Praxis ist zumeist nur mit ihnen gedient und auch für wissenschaftliche Zwecke sind sie unentbehrlich. Aber die Verhältniszahl ist keine bloße Zugabe, keine einfache Ableitung aus der absoluten Zahl, sondern eine neue Qualität, die diese durch Einstellung in einen umfassenderen Zusammenhang erwirbt.

Schon die einfachste Art der Verhältniszahlen, die **Koordinationszahlen**, neuerdings wohl auch **Zuordnungszahlen** genannt, läßt diesen Gewinn an Einsicht hervortreten. Man verwendet sie hauptsächlich zur besseren Verdeutlichung eines Reihenverlaufs, indem man die Anfangszahl der Reihe gleich 100 setzt und die übrigen Werte der Reihe auf diese Ausgangszahl zurückführt. Verfolgt man z. B. das Wachstum der im Umkreis von 10 km vom Mittelpunkt der drei nachstehend genannten Städte wohnhaften Bevölkerung:

	Hamburg	Cöln	Saarbrücken	Hamburg	Cöln	Saarbrücken
1871:	435096	211147	79816	100	100	100
1880:	583492	266669	99961	134,1	126,3	125,2
1890:	803884	358963	126759	184,8	170,0	158,8
1900:	986411	480857	177843	226,7	227,8	222,8
1910:	1270764	625477	238790	292,1	296,2	299,2

so wird sich nach den absoluten Zahlen schwerlich jemand ein Bild
davon machen können, welche der drei Siedlungen am schnellsten
gewachsen ist; auch dann nicht, wenn an Stelle der genauen nur ab-
gerundete Zahlen mitgeteilt würden. Die rechts neben den absoluten Zahlen stehende Koordination dagegen gibt sofort den gewünschten Aufschluß. Wie das Anfangsglied, so kann übrigens auch
gegebenenfalls jedes beliebige andere Reihenglied zum Ausgangspunkt der Rechnung gewählt werden, namentlich kann der Ausblick
vom Anfangsglied durch den Rückblick vom Endglied her ersetzt
werden; dies mit Vorteil z. B. dann, wenn die auf das Anfangsglied bezogenen späteren Glieder sehr hohe Zahlenwerte erreichen
und solcher Art die zugrunde liegenden absoluten Zahlen wohl gar
übertreffen. Die übliche prozentuale Berechnung des Wachstums
einer Reihe von Glied zu Glied — etwa der Einwohnerzahl des
Deutschen Reichs von Jahrfünft zu Jahrfünft — ist ihrem Wesen
nach nichts anderes, als eine stufenweise Zuordnung zweier aufein-
anderfolgender Zahlen.

Wenn nun aber auch die Koordinationszahl ebenso wie die anderen noch zu besprechenden Verhältniszahlen unser durch die absoluten Zahlen gegebenes Wissen ergänzt, so vermag sie es doch
keineswegs zu ersetzen. Das namentlich im Kampf der wirtschaftlichen Interessen sehr beliebte ausschließliche Hantieren mit Verhältniszahlen ist darum ein Beweis mangelnder statistischer Einsicht
oder aber bewußter Spiegelfechterei.

Handelt es sich nicht um einen Reihenverlauf, sondern um ein
Reihengefüge, so treten die Gliederungszahlen an Stelle der
Koordinationszahlen. Die Art ihrer Berechnung ist jedermann ver-
traut: die Summe der Zähleinheiten einer Reihe wird gleich 100
gesetzt und danach berechnet, wieviel Hundertteile auf jedes einzelne Glied der Reihe, auf jede Untergruppe entfallen. Ist die Zahl
der Untergruppen groß und sind unter dieser zahlreiche schwachbe-
setzte, so daß sehr viele kleine Teilziffern sich ergeben, so wählt man
an Stelle der Prozent= wohl auch die Promillegliederung. Während also die Koordinationszahl die Gruppenwerte unter dem Gesichtswinkel einer Einzelgruppe, gewöhnlich des Anfangsgliedes,
betrachtet, geht die Gliederungszahl von der Gesamtsumme der
Gruppenwerte aus und bestimmt jeder Einzelgruppe ihr Gewicht in
bezug auf diese Summe. Diese ungleich breitere Basis verleiht der

Gliederungszahl einen erhöhten Wert gegenüber der in ihrer elementarsten Form von den Zufälligkeiten eines einzelnen Gruppenwerts entscheidend beeinflußten Zuordnungszahl; jede Gruppensumme wird als Zähler zu der ein für allemal gleich 100 gesetzten Gesamtsumme der Reihe in eine leichtverständliche Beziehung gesetzt und damit ein rascher Überblick und genauer Einblick in das Gefüge der dargestellten Erscheinung ermöglicht. Sofern die Gliederung der Reihe auf die quantitative Abstufung des im Kopf oder Vordruck benannten Merkmals begründet ist, lassen die Gliederungszahlen auch leicht die mehr oder weniger große Annäherung der Reihe an die obenerwähnte typische Form erkennen.

Die nächstliegende Aufgabe der Gliederung bleibt aber die Zurückführung der absoluten Zahlen auf leicht übersehbare Verhältniszahlen, sie wird darum sinngemäß nur dort anzuwenden sein, wo eine solche Erleichterung des Überblicks mit ihrer Hilfe auch wirklich erzielt wird. Dies kann unter Umständen auch dann noch der Fall sein, wenn die auszugliedernde Summe 100 nicht ganz erreicht, aber eine unrunde Zahl ist. Dagegen müssen Gliederungszahlen wie die in der folgenden Tabelle enthaltenen als unnützer Ballast bezeichnet werden, da in diesem Beispiel die absoluten Zahlen eine viel deutlichere Vorstellung des Gefüges gewähren als die „reduzierten".

Beruf des Vaters*)	Textilarbeiter			
	Zusammen	davon im Alter von		
		14—21	22—40	41—70
	%	%	%	%
Spinner	4 oder 18,1	2 oder 50,0	—	2 oder 50,0
Ungelernte Arbeiter . .	1 „ 3,8	—	1 ob. 100,0	—
Ringspinnerinnen . . .	3 „ 3,2	1 „ 33,3	2 „ 66,6	—
Vorspinnerinnen . . .	5 „ 10,6	3 „ 60,0	2 „ 40,0	—
Ungelernte Arbeiterinnen	1 „ 2,6	—	1 „ 100,0	—
Männliche Arbeiter .	5 „ 6,0	2 „ 40,0	1 „ 20,0	2 „ 40,0
Weibliche Arbeiter .	9 „ 5,0	4 „ 44,4	5 „ 55,5	—

*) Nach der üblichen Aufmachung von Tabellen würde sich diese Überschrift auf den Vordruck beziehen, wonach sich z. B. drei Ringspinnerinnen als „Väter" von Textilarbeitern ergeben. Da das mit einem Stern bezeichnete Tabellenfach sinngemäß aber gleichzeitig zu Kopf und Vordruck

Tabellenbeispiel

Gliederung und Zusammenfassung einer Reihe.

A.
Vollständige Reihe der Gruppenwerte.

Jährlicher Mietpreis ℳ	Wohnungen	Gesamtmietwert	Jährlicher Mietpreis ℳ	Wohnungen	Gesamtmietwert
180	1	180	Übertrag: 80		21883
182	1	182	332	2	664
192	4	768	336	6	2016
196	1	196	348	8	2784
204	2	408	360	5	1800
216	5	1080	372	3	1116
228	2	456	384	12	4608
240	7	1680	396	6	2376
248	1	248	400	1	400
252	1	252	408	3	1224
264	6	1584	420	6	2520
276	5	1380	432	7	3024
288	9	2592	444	2	888
300	10	3000	456	5	2280
305	1	305	480	1	480
312	17	5304	504	2	1008
324	7	2268	800	1	800
	80	21883		150	49871

B.
Zusammenfassung in größeren Gruppen.

	bis 200 ℳ	201—250 ℳ	251—300 ℳ	301—350 ℳ	351—400 ℳ	401—450 ℳ	über 450 ℳ
absolut	7	17	31	41	27	18	9
%	4,7	11,3	20,7	27,3	18,0	12,0	6,0

Es wird zweckmäßig sein, weitere Einzelheiten über die Gliederung von Tabellen an Hand eines Beispiels zu besprechen. Zu der Tabelle gehört, so ist die nach dem Vorbild der russischen Statistik jetzt auch in Deutschland häufig verwendete Teilung des Fachs in der Diagonale mit getrennter Angabe für Kopf und Vordruck die einwandfreiere Art der Bezeichnung. Absolute und Gliederungszahlen sollten außerdem immer in getrennten Spalten nachgewiesen werden; selbstverständlich dürfen auch nicht zweierlei Berechnungen von Verhältniszahlen ohne deutliche drucktechnische Unterscheidung, wie im vorliegenden Beispiel, durcheinander laufen.

76 V. Die Vereinfachung der Ergebnisse

C.
Zusammenfassung nach Dezilen.

Zehntel der Wohnungen (je 15)	Zugehörige Mietpreisstufen von...ℳ bis.....ℳ	Gesamtmietwert ℳ	Arithmetisches Mittel ℳ	Abstand d. Mittels zweier aufeinander folgender Stufen ℳ
Unterstes (billigstes)	180—228	3042	203	
Zweites	228—264	3728	249	46
Drittes.	264—288	4236	282	33
Viertes	300—312	4553	304	22
Fünftes	312—324	4704	314	10
Sechstes	324—348	4996	333	19
Siebentes.	348—384	5388	359	26
Achtes	384—396	5808	387	28
Neuntes	396—432	6232	415	28
Oberstes (teuerstes) .	432—800	7184	479	64

D.
Mittelwerte und Quartilen.

	ℳ
Ungewogenes arithmetisches Mittel . . .	336
Gewogenes arithmetisches Mittel. . . .	332,5
Medianwert	324
Dichtester Wert	301—312
Unteres Quartil	288
Oberes Quartil	384
Streuung	48

diesem Behuf sind die Angaben auf Seite 75 durch Zählung ermittelt oder berechnet worden. Um nicht lediglich am Phantom arbeiten zu müssen, mag auch der an sich gleichgültige Inhalt der Tabelle kurz erläutert werden: Aus den bei einer Wohnungszählung der Vorkriegszeit für jede Wohnung einzeln ausgefüllten Zählkarten wurden zunächst jene ausgeschieden, die sich auf Wohnungen von zwei Zimmern und Küche bezogen. Diese bis dahin stadtteilsweise liegenden Zählkarten der Zweizimmerwohnungen wurden danach wiederholt gründlich durcheinander gemischt; hierauf wurden 150 Zählkarten abgezählt und nach allen überhaupt vorkommenden Mietpreisangaben auseinandergelegt. Die Übersicht A enthält die vollständige auf diese Weise entstandene Reihe einschließlich der durch Summierung gefundenen Gesamtmietwerte der einzelnen Stufen, die natürlich mit den durch Vervielfältigung des Stufenwerts mit der zugehörigen Wohnungszahl erhaltenen Angaben übereinstimmen müssen. Unsere Reihe bietet gegenüber anderen, ununterbrochen fortlaufenden, den großen Vorteil, daß die Stufenwerte aus dem Material sich von selbst ergeben. Da der Mietpreis der kleinen Wohnungen in der hier in Frage stehenden Stadt für einen Monat angegeben wird, so schreiten unsere Stufen von 12 zu 12 Mk. fort; nur in einzelnen Fällen kommt ein zwischen zwei durch 12 teilbaren Zahlen liegender Stufenwert vor.

Eine Durchmusterung der Reihe A zeigt vorerst noch keinerlei Regelmäßigkeit. Man gewinnt zwar den Eindruck, daß im mittleren Teil der Reihe die Stufen stärker besetzt sind, erhält aber kein deutliches Bild von der Verteilung. Die Veröffentlichung der Angaben erfolgt indessen auch niemals in solcher Ausführlichkeit, sondern immer schon in mehr oder weniger starker Zusammenfassung. Die Übersicht B enthält eine solche durch Bildung von Stufen mit 50 Mk. Spannweite. Ein auf Grund dieser Übersicht gezeichnetes Diagramm würde einen nahezu symmetrischen, mit der normalen Fehlerkurve gut übereinstimmenden Verlauf ergeben. Der auf solche Weise hervorgerufene Schein eines glatten, beinahe gesetzmäßigen Ganges verschleiert aber bedeutsame Unregelmäßigkeiten. Faßt man nämlich die Einzelangaben der ursprünglichen Reihe, die noch keine deutliche Entwicklung hervortreten ließ, zu Doppelstufen von 24 Mk. zusammen, so erkennt man, daß neben dem Hauptgipfel bei 301 bis 324 Mk. noch ein zweiter kleinerer Gipfel im oberen Teil der Reihe sich erhebt. Die zu vermeidenden Extreme der Materialzersplitterung einerseits und der Verwischung von Unterschieden andererseits, auf die oben wiederholt hingewiesen wurde, liegen also in unserem Fall ziemlich nahe beieinander. Ein seltener angewendetes, aber recht zweckmäßiges Gliederungsprinzip einer Reihe ist die sogenannte Methode der **perzentilen Grade**, deren Sinn aus der Übersicht C unseres Tabellenbeispiels hervorgeht. Man teilt in diesem Fall eine nach aufsteigenden Stufen des Unterscheidungsmerkmals angeordnete Reihe in zehn oder, wenn sie aus sehr zahlreichen Einheiten besteht, in hundert gleiche Teile und bestimmt den Stufenwert der Obergrenze des ersten, zweiten Teils usf. bis zum zehnten bzw. hundertsten Teil. Die Übersicht C zeigt, wie diese Methode weiter zur Charakterisierung einer Reihe verwendet werden kann; im vorliegenden Beispiel lehrt eine aufmerksame Durchsicht der Zusammenfassung nach Dezilen ebenso wie die erwähnte Bildung von Stufen zu 24 Mk., daß im oberen Teil der Reihe eine Störung des regelmäßigen Verlaufs zu beobachten ist. Da in weitaus den meisten Fällen indessen nicht alle einzelnen Stufenwerte angegeben sind, sondern zuvor schon eine Zusammenziehung in größere Gruppen stattgefunden hat, ist die Berechnung der Dezilen oder Perzentilen nicht immer so einfach, wie in unserem Beispiel. Bei der Besprechung des Medianwerts wird auf diesen Umstand noch zurückzukommen sein.

Mittelwerte. In den Koordinations= und Gliederungszahlen haben wir unentbehrliche Hilfsmittel für die Beurteilung des Verlaufs oder Gefüges einer Reihe kennen gelernt, allein die rechnerische Vereinfachung der ursprünglichen absoluten Zahlen kann bei ihrer Nachweisung nicht stehen bleiben. Die epische Breite der Reihengliederung muß ergänzt werden durch kurze scharfe Schlagworte, wie sie nur der Durchschnitt, allgemeiner der Mittelwert uns in die Hand zu drücken vermag. Es wäre um die Verwendbarkeit statistischer Reihen schlecht bestellt, wenn wir nur deren Gliederung aufweisen könnten, denn nochmals: die Statistik ist lang und kurz ist unser Leben. Schon die harte Notwendigkeit der Praxis zwingt uns darum, die Reihe der Gliederungszahlen in eine einzige Ziffer zusammen zu pressen. Ebenso erweist sich der Mittelwert aber auch für die wissenschaftliche Verarbeitung vieler Reihen als schlechterdings unentbehrlich. Nicht umsonst begegnet man daher namentlich bei den Anhängern der mathematischen Richtung immer wieder Anschauungen, die in der Statistik eine Wissenschaft von den Mittelwerten erblicken, jedenfalls aber den Schwerpunkt ihrer Darstellung in die Erörterung der Mittelwerte verlegen. Nun ist freilich an Mittelwerten kein Mangel, denn die Zahlen sind geduldig und die Rechenoperationen, mittelst deren ihrer viele in eine einzige verwandelt werden können, sind gar vielgestaltig. Für unsere Zwecke genügt es indessen vollauf, die drei gebräuchlichsten Mittelwerte, das arithmetische Mittel, den Medianwert und den dichtesten Wert nach Berechnungsart und wichtigsten Eigenschaften in aller Kürze darzustellen.

Arithmetisches Mittel. Gebräuchlich, so müssen wir uns sofort selbst berichtigen, ist in der deutschen Statistik einstweilen lediglich das arithmetische Mittel, der Durchschnitt, wie man auch kurzweg zu sagen pflegt. Berechnet wird er bekanntlich derart, daß man die Summe der Einzelwerte durch ihre Anzahl teilt. Die negativen Abweichungen der Einzelwerte vom Durchschnitt müssen summiert offenbar denselben Betrag ergeben wie die positiven Abweichungen, insofern kann das arithmetische Mittel auch als Ausgleichung der unter ihm befaßten Einzelwerte betrachtet werden. Es verrichtet demnach der Durchschnitt die Arbeit des bekannten Prokrustes, dessen Tätigkeit um so grausamer und roher war, je mehr das Längenmaß seiner Gäste von jenem ihres Bettes abwich. Der Hinweis ist keineswegs bedeutungslos: je größer verhältnismäßig die Abweichungen der Einzelwerte einer Reihe von ihrem Durchschnitt sind, desto weiter entfernt sich dieser von einem näherungsweisen abgekürzten Ausdruck der unter ihm begriffenen Erscheinungen, desto mehr wird er zu einer bloßen rechnerischen Abstraktion.

Demnach sind grundsätzlich zweierlei Arten von Durchschnitten zu unterscheiden. Die eine Art dient lediglich dem Zweck, eine Zahlenreihe auf einen einzigen Ausdruck zu bringen, der zu jedem einzelnen unter ihm befaßten Wert keine weitere Beziehung hat; es handelt sich in solchen Fällen also um ein rein arithmetisches Abkürzungsverfahren. Über das mutmaßliche Gefüge der Reihe, deren Zusammenfassung er darstellt, sagt dieser Durchschnitt nichts aus. Die andere Art von Durchschnitten ist ungleich bedeutungsvoller. Ein arithmetisches Mittel dieser zweiten Art stellt den oben schon erwähnten Typus dar, „der in jedem einzelnen Fall gewissermaßen erstrebt, aber infolge von zufälligen Störungen, die ebensoleicht in positiver wie in negativer Richtung wirken können, fast niemals genau erreicht wird" (Lexis). Hier kann also das arithmetische Mittel als vollkommenster Ausdruck einer in den Einzelwerten nur mit zufälligen Abweichungen sich verwirklichenden Größe gelten. Ihren Ursprung hat diese Betrachtungsweise in der Naturwissenschaft genommen, wo aus wiederholten Messungen derselben Größe der Durchschnitt als **objektives Mittel** gewonnen wurde. Quételet hat dann nachgewiesen, daß die nach der Fehlertheorie sich ergebende Gruppierung der Einzelwerte um das objektive Mittel auch bei einzelnen biologischen und sozialen Erscheinungen sich herausstelle, bei denen nicht ein und dasselbe Objekt verschiedene Male, sondern verschiedene verwandte Objekte in bezug auf eine bestimmte Eigenschaft einmal beobachtet werden (subjektives Mittel). So verteilen sich in dem berühmt gewordenen Beispiel Quételets vom Brustumfang schottischer Soldaten diese fast genau in derselben Weise um den Durchschnitt, wie es nach den Regeln der Wahrscheinlichkeitsrechnung der Fall sein müßte. So gut man nun das objektive Mittel aus verschiedenen Messungen einer Größe als deren Normalwert betrachtet, kann auch angesichts dieser Tatsache das subjektive Mittel unter Umständen, — wofern nämlich eine ähnliche Verteilung der Einzelwerte um dasselbe sich ergibt wie beim objektiven —, als typischer oder Normalwert der untersuchten Erscheinung bezeichnet werden. Bei den für die Sozialstatistik allein in Betracht kommenden subjektiven Mitteln ist freilich die Grenze zwischen den rein arithmetischen und den typischen Durchschnitten flüssig. Nach Kaufmann ist z. B. das Durchschnittsalter der Studenten einer Hochschule eine typische Durchschnittsgröße, weil hier das Mittel wirklich einem bekannten Komplex von Ursachen Ausdruck gebe, infolgedessen die überwiegende Mehrheit der Studenten die Universität eben in bestimmtem Alter beziehe. Das Durchschnittsalter der aus einem Stadtbahnzug steigenden Personen dagegen sei ein rein arithmetischer Durchschnitt, der nichts Typisches ausdrücke. Allein das kommt doch wohl auf den Stadtbahnzug an: zu bestimmten Tagesstunden (Arbeitsbeginn) und auf bestimmten Strecken kann sich auch das Durchschnittsalter der in einem solchen fahrenden Personen mehr oder weniger einem typischen Mittel nähern, wie umgekehrt das Durchschnittsalter der Studenten in den auf den Weltkrieg folgenden Semestern nichts von einem solchen an sich hatte. Die mathematischen Eigenschaften, die das arithmetische Mittel zum weitaus wertvollsten aller Mittelwerte und zum Ausgangspunkt der Untersuchungen für die typischen Reihen machen, sollen hier nicht dargelegt werden, immerhin sei darauf hingewiesen, daß dieser Wert im Gegensatz zu den später zu erwähnenden von jedem einzelnen der unter ihm befaßten Werte mitbestimmt wird. Er ist darum zweifellos der feinfühligste der gebräuchlichen Mittelwerte. Seine Beliebtheit freilich wird er wohl weniger der Hochschätzung dieser Feinfühligkeit oder der ihm zukommenden mathematischen Eigenschaften verdanken, als dem Umstand, daß er — wiederum im Gegensatz zu Zentral- und dichtestem Wert — auch aus einer ungeordneten Reihe von Einzelwerten berechnet werden kann. In welcher Reihenfolge die Beträge der Übersicht A unserer Tabelle untereinandergeschrieben und aufaddiert wurden, ist für das Ergebnis der Durchschnittsberechnung ganz bedeutungslos.

Den Fall gesetzt, es seien uns nur die in der ersten Spalte der Übersicht A mitgeteilten Mietpreisstufen als tatsächlich vorkommend bekannt, nicht aber die Zahl der Wohnungen, die zu jeder Mietpreisstufe gehören, so könnten wir nur ein sog. ungewogenes arithmetisches Mittel berechnen. Die Summe der Stufenwerte würde 11 079 Mk., das arithmetische Mittel aus ihnen 11 079 : 33 (Zahl der Stufen) oder 336 Mk. betragen. Solche ungewogene arithmetische Mittel kommen in der Statistik ab und zu vor, sind aber meistens als „Verlegenheitsmittel" anzusehen, die bei genauerer Kenntnis der untersuchten Erscheinungen schleunigst durch das gewogene Mittel ersetzt werden. Denn das ungewogene Mittel berücksichtigt immer nur den einen Faktor der Produkte, aus deren Summierung sich schließlich das gewogene ergibt: in unserem Beispiel z. B. von den Produkten 216×5, 228×2, 240×7 usw. nur die Faktoren 216, 228 und 240. Diesen Faktoren kommt aber, sofern es sich nicht um einzelne Individuen handelt, im allgemeinen ein verschiedenes Gewicht zu, das eben durch die Größe des anderen Faktors, in unserem Beispiel durch die Besetzung der Mietpreisstufen, ausgedrückt wird. Nicht immer sind freilich beide Faktoren, wie in der Übersicht A, genau bestimmt. Nehmen wir beispielsweise an, es sei das gewogene arithmetische Mittel — der Durchschnittspreis einer Wohnung — aus der Übersicht B zu berechnen. Bei der obersten und untersten Gruppe haben wir überhaupt keinen Anhaltspunkt für den Mietpreis, mit dem die Zahl der zu der Gruppe gehörigen Wohnungen vervielfacht werden muß, bei den übrigen fünf Gruppen könnte nach einem ziemlich rohen Verfahren der in der Mitte der Gruppe gelegene Wert als Multiplikator benutzt werden. Läßt man nun die beiden extremen Gruppen weg und berechnet den Gesamtdurchschnitt der übrigen in der angegebenen Weise, so erhält man für diesen einen Wert von 324 Mk., der hinter dem Durchschnitt der ganzen Reihe von 332,5 Mk. immerhin ziemlich weit zurückbleibt und auch den wirklichen, aus Übersicht A berechneten Durchschnitt des einbezogenen Reihenstücks von 328 Mk. nicht ganz erreicht.

Die Frage der Ermittlung richtiger Gewichte in den Fällen, in denen diese nicht zahlenmäßig gegeben sind, hat in der statistischen Literatur eine große Rolle gespielt. Indessen ist der Einfluß der Gewichte auf den Durchschnitt, wie neuerdings wiederholt betont worden ist, entschieden überschätzt worden. Sofern nämlich kein innerer Zusammenhang zwischen Stufenwert und Besetzung von der Art besteht, daß beide in gleicher Richtung zu- oder abnehmen, ist die Wahl der Gewichte ziemlich gleichgültig. Hohe und niedrige Gewichte werden dann im oberen und unteren Teil der Reihe ungefähr gleichmäßig verteilt sein und sich in ihrer Wirkung gegenseitig aufheben, so daß schließlich annähernd derselbe Durchschnittswert sich ergibt. Greifen wir beispielsweise das aus 11 Stufen bestehende Mittelstück unserer Übersicht A zwischen 288 und 384 Mk. heraus. Das richtig berechnete arithmetische Mittel ergibt 331 Mk. Wählen wir nun im Hinblick auf die uns hier beschäftigende Frage willkürlich das aus 11 Buchstaben bestehende Wort „Mittelwerte" und ordnen wir jeder Stufe als Gewicht die Stellung des zugehörigen Buchstabens im Alphabet zu, also $M = 12 \times 288$, $i = 9 \times 300$ usf., so erhalten wir wieder 331 Mk. als Durchschnitt. Die umgekehrte Reihenfolge der Buchstaben würde auf einen Durchschnitt von 333 Mk. führen und versehen wir endlich jede Stufe mit gleichem Gewicht, so ergibt sich dieser abermals zu 333 Mk. usf.

Da die meisten statistischen Reihen übrigens die beiden Schlußzahlen angeben, aus deren Inbeziehung-Setzung der Durchschnitt entsteht, so ist die praktische Bedeutung der Frage ohnedies auf die unten noch zu erwähnende Bildung von Meßziffern beschränkt.

Medianwert. Wenn die Gliederungszahlen und das arithmetische Mittel einer Reihe oder doch die Grundzahlen gegeben sind, aus denen sie errechnet werden können, so ist dem Bedürfnis nach Aufschluß in den meisten Fällen Genüge getan. Die geschilderten Unvollkommenheiten, die dem arithmetischen Mittel seinem Begriff nach anhaften, wiegen nicht schwer, wenn gleichzeitig das Gefüge der Reihe durch die Gliederungszahlen ersichtlich gemacht wird. Ohne Rücksicht hierauf hat man aber wohl gelegentlich versucht, eine Art von bereinigtem Durchschnitt durch Weglassung der Ertreme herzustellen. Da nämlich der Durchschnitt von jedem einzelnen unter ihm befaßten Wert beeinflußt wird, so kann ein sehr weit nach oben oder unten sich entfernender Einzelwert unter Umständen das arithmetische Mittel in der einen oder andern Richtung stark verschieben. Man hat daher in solchen Fällen die Weglassung der jenseits bestimmter Entfernung vom Durchschnitt liegenden Werte und die Berechnung eines neuen Durchschnitts aus der gekürzten Reihe oder auch die Beseitigung der Grenzwerte bzw. Grenzgruppen schlechtweg vorgeschlagen. Ein solches Verfahren stellt aber eine Politik ab irato dar. Sofern nicht begründete Zweifel in die Richtigkeit der extremen Angaben vorliegen —, deren Behebung aber in erster Linie Sache des Verfertigers der in Frage stehenden Statistik ist — hat eine Angabe genau soviel Daseinsberechtigung und Wert wie die andere, ihr Einfluß auf den Durchschnitt ist daher ein durchaus legitimer. Eine gewisse Berühmtheit hat in dieser Beziehung das Beispiel vom vielfachen Millionär erlangt, der sich in einer armen Arbeitergemeinde niederläßt. Wenn hier 500 Steuerzahler vorhanden seien, deren Gesamteinkommen von etwa 750 000 Mark der vielfache Millionär um die Hälfte auf 1 125 000 Mk. erhöhte, so ergab sich als mittleres Einkommen eines Steuerzahlers der Betrag von 2245 Mk., den vielleicht kein einziger von jenen 500 erreichte. Ein **typisches** Mittel ist dieses Durchschnittseinkommen nun freilich nicht, gleichwohl wäre es offenbar rein willkürlich, das Einkommen des Millionärs, dessen Steuerertrag und sonstige Verwendung übrigens von größter Bedeutung für jedes einzelne der übrigen 500 Einkommen sein kann, von der Berechnung einfach auszuschließen. In solchen Fällen bietet sich an Stelle des arithmetischen Mittels der **Zentral- oder Medianwert** ungezwungen für die Berechnung des mittleren Einkommens dar. Es ist jener Wert, der eine aufsteigende Reihe von Einzelwerten in zwei der Zahl nach gleiche Hälften teilt. Bei ungerader Zahl n der Einzelwerte ist der Zentralwert durch die Formel $\frac{n+1}{2}$ gegeben, bei gerader Zahl fällt er zwischen die beiden mittelsten Werte der Reihe und kann mit einer für praktische Zwecke genügenden Genauigkeit durch das arithmetische Mittel aus beiden ausgedrückt werden, zumal diese ohnedies gewöhnlich zusammenfallen. Seine Berechnung ist also überaus einfach, wenn alle Einzelwerte angegeben sind. In der Übersicht A unseres Tabellenblatts auf S. 75 fällt er bei 150 Einzelwerten zwischen den 75. und 76. und beträgt, da diese beide in derselben Mietpreisstufe liegen, gleichfalls 324 Mk. Sind die Einzelwerte in größere Gruppen zusammengezogen, so muß eine anteilige Berechnung vorgenommen werden. In Übersicht B z. B. sind 55 Wohnungen in den drei untersten 50 Mk.-Gruppen enthalten, es muß demnach aus der nächsten Gruppe mit 41 Wohnungen der Mietwert der 20,5. Wohnung ermittelt werden, der als Zentralwert der Reihe zu betrachten ist. Es ergibt sich so der Ansatz $41 : 50 = 20,5 : x$ oder $x = 25$ Mk., der Zentralwert demnach fast genau mit dem aus den Einzelwerten der ganzen Reihe berechneten zu 325 Mk. In ganz analoger Weise hätte aus einer so zusammengefaßten Reihe die oben erwähnte Berechnung der Dezilen zu erfolgen.

Der Vorzug des Zentralwerts vor dem arithmetischen Mittel besteht also in der Hauptsache in seiner meist sehr einfachen Berechenbarkeit, daneben in dem Umstand, daß er so gut wie niemals eine rechnerische Abstraktion ist, sondern mit einem bestimmten tatsächlich vorkommenden Wert zusammenfällt. Von Extremen ist er gänzlich unbeeinflußt: kein Magnet im oberen oder unteren Teil der Reihe, und wäre er noch so stark, kann ihn aus seiner Stellung ablenken, denn ob das Einkommen des berühmten vielfachen Millionärs 2 oder 20 Millionen beträgt, ist für seine Bestimmung ganz gleichgültig; selbst das Vorhandensein eines Dutzends solcher Millionäre würde seinen Betrag nur um ein Geringes oder gar nicht nach oben verschieben. Dieselbe Eigenschaft des Zentralwerts ermöglicht seine Verwendung auch dort, wo die Reihe insofern unvollständig ist, als die oberste und unterste Gruppe nicht genau begrenzt sind, oder wenn, wie z. B. häufig in der Einkommensteuerstatistik, zwar die Zahl der zur untersten (steuerfreien) Gruppe gehörigen Personen, nicht aber der zugehörigen Größenbetrag (das Einkommen) bekannt ist. Seine bedeutsamste Anwendung findet der Zentralwert bei der Berechnung der wahrscheinlichen Lebensdauer in den Sterbetafeln, wo er dasjenige Alter bestimmt, bis zu dem die Hälfte der gleichzeitig geborenen Individuen einer Generation, oder auch die Hälfte der in einem beliebigen Alter stehenden abgestorben sein wird.

Als eigenartiger Vorzug des Zentralwerts mag endlich noch hervorgehoben werden, daß er auch auf solche Reihen anwendbar ist, die überhaupt keinen zahlenmäßigen Ausdruck gefunden haben oder finden können. Die mittlere Körpergröße einer Kompagnie kann man in aller Kürze dadurch bestimmen, daß man die Soldaten nach der Größe aufstellt, den mittelsten herausgreift und ihn mißt. Die voraussichtlich im kommenden Winter zu befürchtende Arbeitslosigkeit dadurch, daß man die Auskünfte der befragten Betriebe von der ungünstigsten bis zur günstigsten aufsteigend anordnet, die Arbeiterzahlen der auskunfterteilenden Betriebe neben die Auskünfte setzt, den mittelsten Arbeiter nach dem Zentralwert bestimmt und die auf diesen zutreffende Auskunft als die mittlere zu erwartende Arbeitslosigkeit, als voraussichtlichen Grad der Beschäftigungslosigkeit anspricht.

Dichtester Wert. Neben arithmetischem Mittel und Zentralwert ist noch der dichteste Wert oder Modus, der Mittelwert des täglichen Lebens, zu erwähnen. Seine Bedeutung läßt sich aus seiner Bezeichnung erkennen: es ist der verhältnismäßig am häufigsten vorkommende Einzelwert einer Reihe, der darum als charakteristisch für die ganze Reihe angesehen werden kann oder auch: die von allen Untergruppen gleicher Spannweite am stärksten besetzte. Wird eine statistische Reihe durch ein Linien-Diagramm ausgedrückt, so kommt dem dichtesten Wert die größte Ordinate zu. Mit dem Zentralwert teilt der dichteste die Eigenschaft völliger Unabhängigkeit von extremen Fällen, genau wie dieser, sagt er aber auch über die Gestaltung der Reihe zu beiden Seiten des Mittelwerts nicht das Geringste aus. Im Gegensatz zu den beiden anderen erwähnten Mittelwerten ist er kein Einzel- sondern ein Gruppenwert, im Gegensatz zum arithmetischen Mittel, dagegen in den meisten Fällen übereinstimmend mit dem Zentralwert, ist er keine rechnerische Abstraktion, sondern eine wirklich vorkommende Größe. Und zwar diejenige Größe einer Erscheinung, die verhältnismäßig am häufigsten beobachtet wird, also deren üblicher, gewöhnlicher Ausdruck, kurz gesagt der Wert der „relativen Majorität". Die Erfahrung des Alltags ist durchsetzt mit Schätzungen des dichtesten Wertes und hat diesen auch dann im Auge, wenn vom Durchschnitt die Rede ist. Wieviel Zigaretten ich durchschnittlich täglich rauche, könnte ich nur dann genau sagen, wenn ich meinen gesamten Verbrauch an solchen für einen bestimmten Zeitraum kenne, wieviel ich „im allgemeinen" täglich rauche, vermag ich mit viel größerer Sicherheit anzugeben. Ähnlich bei einer Menge von Erscheinungen des täglichen Lebens, für das aber auch die Angabe des häufigsten, normalen Werts einer wechselnden Größe wichtiger ist, als die Bestimmung ihres Durchschnittswerts. Denn seinem Begriff nach kommt der dichteste Wert für eine größere Zahl von Menschen in Betracht als jeder andere. Ein entschiedener Nachteil des dichtesten Werts ist dagegen seine Unbestimmtheit. In unserer Übersicht A z. B. liegt der dichteste Wert bei 301—312 Mk., in Übersicht B bei 301—350 Mk.; bildet man Stufen von je 24 bzw. 36 Mk. und läßt sie bei 182 Mk. beginnen, so kommt der dichteste Wert der Gruppe 301—324 Mk. bzw. der Gruppe 289—324 Mk. zu. Verschiebt man die Untergrenze dieser beiden Spannrahmen, so erhält man als Gruppen des dichtesten Wertes 289—312 und 301—336 Mk. Die einzige diesen verschiedenen Gruppen gemeinsame Stufe ist jene von 301—312 Mk., die demnach als eigentlicher dichtester Wert zu gelten hätte. Selbstverständlich ist aber ein solches Experimentieren nur dann möglich, wenn die Gruppenwerte, wie in unserer Übersicht A, in weitgehendster Gliederung vorliegen. Dies wird aber bei statistischen Reihen in der Form, in der sie zur Veröffentlichung gelangen, nur ausnahmsweise der Fall sein, so daß es meistens bei der Heraushebung der am stärksten besetzten Gruppe einer Reihe, wie sie nun einmal vorliegt, sein Bewenden haben muß.

Schwankungen und Streuung. Da jeder Mittelwert eine statistische Reihe nur unvollkommen kennzeichnet, kann man versuchen, ihn durch weitere kurze Angaben über die Abweichungen der Einzelglieder vom Mittelwert oder ihre Verteilung um diesen herum zu ergänzen. Die mathematische Statistik ermöglicht die Messung der Dispersion und Stabilität statistischer Reihen auf Grund der Fehlertheorie, indessen stehen auch der elementaren Statistik brauchbare und für ihre Zwecke genügende Verfahren für deren Bestimmung zu Gebot. Unter Schwankung im weitesten Sinn kann man die Entfernung der beiden äußersten Einzelwerte, in unserer Übersicht A z. B. 800—180 = 620 verstehen und diese Differenz zum Durchschnitt oder einem sonstigen Mittelwert in Beziehung setzen. Gerade unser Beispiel, in dem die höchste vertretene Stufe so außerordentlich weit von der nächst-niedrigeren absteht, zeigt aber deutlich der geringen Nutzen einer derartigen Berechnung. Wenn es oben als angängig, ja als notwendig bezeichnet wurde, daß der extreme Fall bei Bestimmung des arithmetischen Mittels so gut berücksichtigt wird, wie jeder andere, so kann er doch nicht mit gleichem Recht zur maßgebenden Kennzeichnung einer ganzen Reihe verwendet werden. Man wird darum besser die durchschnittliche Abweichung der Einzelwerte vom arithmetischen Mittel berechnen und diese entweder ihrer absoluten Größe nach oder in Prozenten des Reihenmittels angeben. Je kleiner der Prozentsatz der durchschnittlichen Abweichungen von der Gesamtsumme oder dem arithmetischen Mittel ausfällt, desto konstanter ist die Reihe. Bezeichnet man die einzelne Abweichung vom Durchschnitt mit d, deren Summe mit Σ d, so bildet man also bei diesem Verfahren zunächst den Quotienten $\frac{\Sigma d}{n}$; theoretisch richtiger aber ungleich umständlicher ist die Ermittlung der durchschnittlichen quadratischen Abweichung, bei der jede einzelne Abweichung vom arithmetischen Mittel zuerst quadriert, die Summe der Quadrate durch die Zahl der Reihenglieder geteilt und aus dem Quotienten die Quadratwurzel gezogen wird.

Eine weitere Ergänzung des Mittelwerts stellen die Angaben über die Streuung einer Reihe dar; deren Berechnung am einfachsten vom Zentralwert ausgeht. Wie dieser die gesamte in aufsteigender Folge der Einzelwerte geordnete Reihe in zwei gleich stark besetzte Teile spaltet, so läßt sich auf jeden der beiden entstandenen Reihenteile dasselbe Verfahren anwenden. In unserer Übersicht A umfaßt der durch den Zentralwert getrennte obere und untere Teil der Reihe je 75 Einzelfälle; demnach würde zufolge der obigen Definition als Zentralwert der unteren Hälfte der 38. von unten, als solcher der oberen Hälfte der 38. von oben herein gerechnet sich ergeben. Jener liegt bei 288 Mk. und führt die Bezeichnung „unteres Quartil" (Q_1) dieser — in unserem Fall bei 384 Mk. gelegen — heißt „oberes Quartil" (Q_3). Unteres Quartil, Zentralwert und oberes Quartil scheiden die Reihe in vier gleichstark besetzte Teile und die halbe Differenz des Abstands zwischen beiden Quartilen kann als einfaches Maß der Streuung dienen. Die Streuung der Reihe in Übersicht A beträgt demgemäß $\frac{384-288}{2} = 48$ Mk. Da das Mittelstück der Reihe zwischen beiden Quartilen die Hälfte aller Einzelfälle umfaßt, so läßt sich deren Bedeutung auch dahin kennzeichnen, daß ein beliebig herausgegriffener Einzelfall mit gleicher Wahrscheinlichkeit zwischen den Quartilen wie jenseits derselben liegt.

Noch eingehender wird die Streuung durch die in Übersicht C unseres Tabellenblatts enthaltene Berechnung der Dezilen nachgewiesen. Geht man nämlich von der Grenzscheide des fünften und sechsten Zehntels aus, die hier offenbar mit dem Zentralwert zusammenfällt, so zeigt diese Berechnung, innerhalb welcher Entfernung vom Mittelwert zwei Zehntel, vier Zehntel usw. aller Fälle liegen. Da diese Darstellung indessen eher als vollständige Gliederung der Gesamtreihe, denn als zusätzliche Charakterisierung des Mittelwerts aufgefaßt werden muß, so ist sie schon oben bei der Besprechung der Gliederungszahlen erledigt worden.

Sechster Abschnitt.
Die Deutung der Ergebnisse.

Vereinfachung und Deutung. Wenn dem vorhergehenden Abschnitt die Vereinfachung, diesem die Deutung der Ergebnisse einer statistischen Arbeit als Inhalt angewiesen worden ist, so darf solch gliedernde Darstellung nicht als getreues Abbild der Stufen des wirklichen Arbeitsprozesses aufgefaßt werden. Wie es uns durch geistige Vorwegnahme des mutmaßlichen Ertrages einer tabellarischen Darstellung erst möglich wird, zweckmäßige Tabellen aufzustellen, so kann die Vereinfachung statistischer Reihen, soweit sie nicht aus einer mechanischen Reduktion besteht, nur im Hinblick auf die künftige Deutung vorgenommen werden. Jede Vereinfachung geschieht um der späteren Verwertung willen, der Zweck wird darum auch auf die Wahl der Mittel abfärben. Die Vereinfachung der Ergebnisse ist somit nichts als ein technisches Hilfsmittel ihrer Deutung; die Frage ist nur, wem die Deutung der Ergebnisse von rechtswegen zusteht. Da die Statistik keine eigenen Tatsachen hat, kann man ihr Geschäft mit der Aufstellung der Tabellen als erledigt ansehen; den Inhalt der Tabellen wissenschaftlich weiter zu verarbeiten oder zu praktischen Zwecken zu benützen, wäre nach dieser Auffassung lediglich Aufgabe der Einzelwissenschaft oder der Verwaltung, in deren Gesichtskreis die gerade vorliegende Statistik fällt. Wohl überall, wo es sich nicht bloß um eine einfache Geschäftsstatistik handelt, geht aber auch die im engeren Sinn statistische Arbeit über diese primitive Form der Betätigung hinaus. Zur Aufarbeitung des Materials, zu seiner Überführung in Tabellengestalt, wird in den meisten Fällen die Vereinfachung der absoluten Zahlen in der einen oder anderen Form treten müssen. Wie diese im einzelnen durchzuführen ist, darüber kann nur Fachkenntnis in Verbindung mit statistischer Geschäftsgewandtheit entscheiden, ob aber der Fachmann die Routine oder der Routinier die notwendige Fachkenntnis erwirbt, ist schließlich eine quaestio facti. Weder die eine noch die andere kann schon auf den früheren Stufen des statistischen Arbeitsprozesses ganz entbehrt werden und auf dieser letzten erst recht nicht. Da indessen allgemeine Regeln für den Anteil der Einzelwissenschaft und der Statistik an der Verwertung des Tabelleninhalts nicht angegeben werden können, so werden wir uns auch fernerhin auf die Darstellung der wichtigsten technischen Hilfsmittel der Deutung beschränken müssen, von irgendwelchem konkreten Inhalt aber nur des Beispiels halber Notiz nehmen.

Weitere Reihenzerlegung. Wir sind bisher stets innerhalb einer und derselben Zahlenreihe geblieben, die wir durch Angabe der Gliederungszahlen und Bildung verschiedener Mittelwerte übersichtlicher zu machen und zusammen zu fassen strebten. Erinnern wir uns wieder unserer Übersicht A: sie umfaßt die aus zwei Zimmern (und Küche) bestehenden Wohnungen einer Stadt, oder vielmehr eine nach bestimmten Grundsätzen bewirkte Auswahl aus diesen und hat dann weiter auf die allmählich steigenden Mietpreisstufen die Gesamtheit der ausgewählten Wohnungen verteilt. Ähnliche Reihen bestehen nun für die anderen Wohnungsgrößenklassen derselben Stadt, für dieselbe Wohnungsgrößenklasse anderer Städte und für dieselbe Größenklasse derselben Stadt aus anderen Beobachtungsjahren. So scheint denn der nächste Fortschritt der Darstellung darin zu bestehen, daß diese in verschiedener Art mit der vorliegenden verwandten Reihen zur Vergleichung herangezogen werden. Allein vorab wird doch noch zu untersuchen sein, ob aus der vorliegenden Reihe selbst nicht weiterer Aufschluß über ihren Inhalt gewonnen werden kann. Nun hat uns beispielsweise der Zusammenzug der Angaben der Übersicht A zu Gruppen von 24 Mk. Spannweite gezeigt, daß unsere Reihe keinen regelmäßigen Verlauf nimmt, sondern daß auf die stärkstbesetzte Gruppe von 301—324 Mk.

zwei Gruppen mit weit schwächerer Besetzung, dann aber wieder eine sehr starkbesetzte Gruppe folgen. In die Sprache des Liniendiagramms übersetzt, würden wir also sagen, daß wir es mit einer ausgesprochenen Zweigipfelkurve zu tun haben. Eine solche Wahrnehmung muß uns auf die Vermutung führen, daß unter den die Einzelfälle unserer Reihe darstellenden Wohnungen eine größere Zahl sich befindet, die durch irgendein preissteigerndes Merkmal von der Menge der übrigen Wohnungen sich abheben. Was das für ein Merkmal sein mag, können wir auf Grund unserer Kenntnis der Bestimmungsgründe des Mietpreises, auf Grund unserer Fachkenntnis also, zunächst nur vermuten; die Zerlegung unserer Reihe, entsprechend den aufgestellten Vermutungen, muß dann deren Richtigkeit erst ausweisen. In unserem Fall trägt das Vorhandensein einer größeren Zahl von Wohnungen in Neubauten, die erfahrungsgemäß teurer sind als ältere gleicher Größe, die Schuld an der ungleichmäßigen Gestaltung der Reihe. So stellt sich denn die **Zerlegung einer Gesamtheit in homogenere Teilmassen** als wichtiges Mittel tiefer eindringender statistischer Untersuchung dar. Da aber diese Zerlegung vom Benützer einer einmal aufgestellten Statistik gemeinhin nicht mehr vorgenommen werden kann, so ist es eine der obersten Pflichten der Materialaufbereitung, auf die Bildung möglichst homogener Gruppen Rücksicht zu nehmen. Absolute Gleichartigkeit läßt sich natürlich nicht erreichen, da eben keine zwei Dinge in der Welt einander völlig gleich sind und Statistik nur durch Zusammenfassung entsteht. Lediglich in bezug auf das gerade untersuchte Merkmal ist möglichste Homogenität insoweit zu erstreben, als die Gliederung gemäß diesem Merkmal rein heraustreten soll und nicht durch Zusammenfassung von Elementen ungleicher Teilmassen verwischt werden darf. Diese unentbehrliche Vorarbeit für die Vergleichung der Reihen untereinander muß aber, wie erwähnt, in weitaus den meisten Fällen vom Bearbeiter des Urmaterials selbst geleistet werden, denn eine volle Angabe der Einzelfälle wie in unserer Übersicht A, verbietet sich bei jeder auch nur einigermaßen umfangreichen Statistik ganz von selbst.

Für die Erläuterung des Gefüges oder Verlaufs einer Reihe nach der inhaltlichen Seite lassen sich irgendwelche allgemeingültigen Anweisungen nicht geben; sie muß sich nach der Herkunft und Zugehörigkeit der Reihe richten und ist Aufgabe der Einzelwissenschaft ober der Praxis. Eine solche Deutung kann auch nicht etwa ausschließlich der vorliegenden Reihe entnommen werden, setzt vielmehr bestimmte Sachkenntnis als Hintergrund voraus, von dem sich die Reihe selbst abheben kann. Diese Sachkenntnis braucht nicht notwendig in zahlenmäßiger Form vorhanden zu sein, oft genug wird sie vielmehr in Hypothesen, Erfahrungstatsachen, Bruchstücken bestehen, die nun gerade durch die vorliegende Statistik eine genauere Umgrenzung, eine Zusammenfügung, zahlenmäßige Fassung und Stütze erhalten sollen. Denn völlig neues, unerhörtes Wissen bringt die Statistik kaum jemals hervor, sie berichtigt nur und fixiert unbestimmte Vorstellungen. Nur bei den typischen Reihen kann man von einer unabhängigen Deutung aus dem Inhalt der Reihe selbst heraus in gewissem Sinn sprechen, sofern hier durch Messung der Stabilität die größere oder geringere Annäherung an einen gesetzmäßigen Verlauf zum Ausdruck gebracht werden kann.

Man hat zwar auch für beliebige nichttypische Reihen den Versuch gemacht, die empirischen Werte durch Interpolation mittels algebraischer oder trigonometrischer Funktionen auf einfachere Form zu bringen. Auf diese Weise sollen die unbedeutenden Schwankungen und Abweichungen ausgeschaltet und das dem Verlauf der Erscheinung zugrunde liegende Gesetz möglichst rein herausgestellt werden. Da eine solche Interpolation indessen die Kenntnis der sogenannten Methode der kleinsten Quadrate voraussetzt, kann sie hier auch in den Grundzügen nicht erläutert werden. Wir werden damit übrigens um so weniger eine Unterlassungssünde begehen, als sogar die Zulässigkeit, jedenfalls aber die Zweckmäßigkeit einer solchen Anwendung der Methode keineswegs unbestritten ist. Der Vorzug der Einfachheit und äußeren Eleganz wird auch hier, wie so oft bei der mathematischen Behandlung von Zählungsergebnissen, durch das Opfer von konkreten Einzelheiten unter Umständen teuer erkauft, wenn auch der heuristische Wert solcher Arbeit in keiner Weise verkannt werden soll.

Beziehungszahlen. Bis hierher haben wir die einzelne Zahlenangabe innerhalb ihrer engeren und weiteren Familie aufwachsen und Beziehungen anknüpfen sehen: die Reihe, die Tabelle, der sie angehörte, haben wir bislang nicht verlassen. Jetzt mag sie hinaustreten aus dem engeren Rahmen und sich unter die unabsehbar vielen anderen Zahlenangaben mischen, die sie außerhalb ihrer engeren Welt vorfindet. Zu jeder von diesen kann sie in ein näheres Verhältnis treten, mit jeder von ihnen sich vermählen und ein neues Wesen, eine Beziehungszahl, aus dieser Vermählung entstehen lassen. Aber freilich: einer unnatürlichen Verbindung können lebensfähige Kinder nicht entstammen. Den Wert der deutschen Einfuhr im Jahre 1913 durch die Zahl der Viertelnoten in der Meistersingerpartitur zu dividieren, hätte keinen Zweck und würde nicht zu einer Verhältniszahl führen, mit der wir einen vernünftigen Sinn verbinden könnten. Irgendwie müssen beide Zahlen, die wir rechnerisch in Beziehung setzen wollen, auch gedanklich aufeinander bezogen werden können. So hat schon innerhalb ihrer Reihe die einzelne Zahl sich als Teil der Reihensumme auffassen lassen und danach in eine Gliederungszahl umgerechnet werden können. Solcherart ergab sich in unserem Musterbeispiel die relative Stärke der Besetzung einer Mietpreisgruppe. Außerhalb der Reihe vervielfältigen sich aber die Möglichkeiten der Beziehungen und der Auswahl, ja diese ist nicht einmal mehr an statistische Angaben gebunden und kann auch andere Zahlengrößen zur Bildung von Verhältniszahlen heranziehen. Die Bevölkerungsdichtigkeit, die ich durch Division der Fläche in die Volkszahl gemeinhin ermittle, verschmilzt eine statistische Angabe mit dem Resultat einer trigonometrischen Berechnung; das Ergebnis der Rechnung verliert aber darum den statistischen Charakter nicht, weil das Vorhandensein eines statistischen Faktors zu dessen Erhaltung genügt. Eine besonders wichtige Abart der in den verschiedensten Schattierungen vorkommenden Beziehungszahlen sind die sogenannten Häufigkeitszahlen. Sie geben über die Stärke des Auftretens einer Erscheinung innerhalb derjenigen Gesamtmasse Auskunft, aus der die Erscheinung hervorgegangen ist. So führt man die Zahlen der Lebendgeborenen, der Gestorbenen, der geschlossenen Ehen usw. bekanntlich allgemein auf die Gesamtbevölkerung zurück, aus der sie hervorgegangen sind. Diese rohen, allgemeinen Häufigkeitszahlen sind für kurze, schlagwortartige Vergleiche von Jahr zu Jahr und von Ort zu Ort unentbehrlich, sie bedürfen aber bei allen tiefergrabenden Untersuchungen der Ergänzung durch die spezifischen Häufigkeitszahlen. Die Todesfälle an Kindbettfieber muß ich zwar im Interesse der Vergleichbarkeit so gut wie die Sterbefälle an anderen Todesursachen zunächst einmal auf die Gesamtbevölkerung ausschlagen und erhalte so einen Begriff von der volkdezimierenden Wirkung dieser Krankheit im allgemeinen. Diese rohe Häufigkeitszahl wird aber, soweit das vorhandene Material es irgend zuläßt, durch die Ermittlung der spezifischen Häufigkeit zu ergänzen sein, da ja das Kindbettfieber nur aus einer nach Alter und Geschlecht begrenzten Teilmasse seine Opfer fordern kann. Auch die für die weibliche Bevölkerung im Alter von etwa 15—50 Jahren berechnete Häufigkeitszahl kann aber wieder als eine allgemeine aufgefaßt und durch spezifische Häufigkeitszahlen ergänzt werden, die auf die Legitimität der den Tod verursachenden Geburt und den Familienstand der Wöchnerinnen Rücksicht zu nehmen hätten. Durch mangelnde Sorgfalt und Überlegung in der Auswahl der für die Bildung von Häufigkeitszahlen verwendeten Gesamtheiten wird in der Statistik außerordentlich großer Schaden angerichtet. Auf allen möglichen Gebieten, in der Medizinalstatistik bei der Darstellung von Behandlungserfolgen wie in der Finanzstatistik bei der Charakterisierung der steuerlichen Belastung, in der Krankheits- und Sterbestatistik von Alkoholfreunden und Alkoholgegnern bei Bezifferung der Lebensbedrohung und Gesundheitsschädigung, kurz und gut einfach überall, wo mit Statistik gearbeitet und bewiesen wird, ist die Verwendung bedenklicher Beziehungszahlen an der Tagesordnung. Ganz ohne solche auszukommen wird auch niemals möglich sein, denn einmal fehlt es häufig an Material zur Berechnung der spezifischen Häufigkeitszahlen, dann aber kann man nicht jede solche Zahl, die man in Wort und Schrift vorbringt, durch eine Abhandlung erläutern. Kurz und exakt zu sein, ist in der Statistik eine schwierige Kunst, oft sogar ein unmögliches Kunststück.

Durch die Berechnung von Beziehungszahlen ist die Möglichkeit der Aufstellung abgeleiteter Zahlenreihen gegeben, deren Behandlung hinsichtlich der Bildung von Mittelwerten und der sonstigen Charakterisierung zum Teil von der früher geschilderten Analyse von Reihen absoluter Zahlen abweicht. In einer kurzen Darstellung des statistischen Arbeitsverfahrens ist es gleichwohl nicht möglich, auf solche Unterschiede einzugehen. Daß die Beziehungszahlen eine wichtige, zuweilen unentbehrliche Ergänzung der absoluten Reihen und der Gliederungszahlen bilden, muß indessen ausdrücklich hervorgehoben werden. Wenn beispielsweise die während eines Kalenderjahres gestorbenen Personen nach einzelnen Altersjahren ausgezählt und banach die Gliederungszahlen berechnet werden, so sagt diese Gliederung noch nicht das Geringste über die Lebensgefährdung der einzelnen Altersklassen aus. Es sind vielmehr die Gestorbenen jedes Altersjahres auf die lebend in dieses Altersjahr eingetretenen zu beziehen. Die höchsten Altersklassen, die im Vergleich zu ihrer Besetzung zahlreiche Sterbefälle liefern, gegenüber den viel stärker vertretenen jüngeren und jüngsten Altersklassen an absoluter Bedeutung aber weit zurücktreten, werden auf diese Art das vielfache ihres früheren Anteils erreichen usw. Viele Trugschlüsse z. B. über die Sterblichkeit der verschiedenen Berufe erklären sich bei näherem Zusehen aus der Verwendung der Gliederungszahlen ohne Rücksicht auf die Beziehungszahlen.

Vergleichung von Reihen. Die ursprüngliche Reihe absoluter Zahlen, der erste und in gewisser Hinsicht wichtigste Niederschlag statistischer Darstellungskunst, läßt die Vergleichung mit verwandten Reihen nur ausnahmsweise zu. Stellt man z. B. die folgenden aufs Geratewohl herausgegriffenen Zahlen der Sterbefälle an vier Todesursachen für einige europäische Großstädte im Jahre 1910 einander gegenüber, so erhält man bei der ganz verschiedenen Volkszahl der Städte zunächst noch gar kein Bild von der verhängnisvollen Arbeit der einzelnen Krankheiten.

Todesursache	Berlin	Budapest	Rom	Christiania	Marseille
Typhus	74	170	155	4	277
Diphtherie und Krupp	697	142	141	51	50
Lungentuberkulose	3633	2661	943	452	1289
Krebs	2415	891	528	215	331

Auch die Berechnung der Anteile dieser Todesursachen an der Gesamtheit der Sterbefälle in den verschiedenen Städten führt zu keinem schlüssigen Ergebnis. Erst die Ermittlung der Beziehungszahlen läßt die ungleiche Bedeutung der hier verzeichneten Todesursachen deutlich hervortreten; auf 100 000 Einwohner erhält man alsdann Sterbefälle an

	Berlin	Budapest	Rom	Christiania	Marseille
Typhus	3,6	20,4	26,4	1,6	53,5
Diphtherie und Krupp	33,9	17,0	24,0	20,9	9,7
Lungentuberkulose	176,9	319,2	160,4	185,2	249,1
Krebs	117,6	106,9	89,8	88,1	64,0

Von diesen allgemeinen Häufigkeitszahlen kann eine vergleichende Studie überhaupt erst ihren Ausgang nehmen; deren Unterschiede hat sie auf ihre Richtigkeit — wenn möglich — zu prüfen und die materiellen wie die formalen Ursachen dieser abweichenden Gestaltung der Beziehungszahlen klarzulegen. Die aus dem verschiedenen Altersaufbau der Bevölkerung sich ergebenden Ungleichheiten müßten durch Berechnung der spezifischen Häufigkeitszahlen zunächst beseitigt werden, die Art der Beurkundung der Todesursache wäre zu prüfen u. a. m., kurzum: Kenntnis und Verständnis der behandelten Materie hätte hier wie überall darüber zu entscheiden, welche Folgerungen aus den Zahlen einwandfrei gezogen werden dürfen und welche anderen lediglich in der Form von Hypothesen vorbehaltlich weiterer Prüfung aufgestellt werden können.

Auch der Erfolg einer vergleichenden Untersuchung des Reihenverlaufs hängt also davon ab, daß die zu vergleichenden Reihen die Verhältnisse möglichst homogener Teilmassen widerspiegeln. Das Wort divide et impera! hat auch für die Deutung statistischer Reihen seine volle Berechtigung.

Besondere Wichtigkeit für die Vergleichung des Gefüges, namentlich aber des Verlaufs verschiedener Reihen erlangt die graphische Darstellung. Läßt sie doch die Tendenz einer Reihe von Beziehungszahlen gewöhnlich ohne Mühe erkennen und in ihrer Stärke gegenüber jener einer zweiten oder dritten Reihe ungefähr abschätzen. Auf einem einzigen farbigen Liniendiagramm ist die verschiedene Schnelligkeit des Absterbens einer Generation von Lebendgeborenen in den wichtigeren Ländern mit Leichtigkeit übersichtlich darzustellen. Der Rückgang der Geburtenhäufigkeit, der allgemeinen und der Säuglingssterblichkeit eines Landes läßt sich bei geschickter Wahl des Maßstabs gleichfalls bequem auf einem einzigen Diagramm zum Ausdruck bringen. Soll aber die vergleichsweise Stärke dieses Rückgangs versinnbildlicht werden, so ist es zweckmäßig, die Relativzahlen der Geburtenhäufigkeit, der Sterblichkeit usf. wiederum wie absolute Zahlen zu behandeln und auf sie das oben beschriebene Koordinationsverfahren oder eine ähnliche Methode anzuwenden. Soll beispielsweise der Geburtenrückgang im Deutschen Reich während des Jahrzehnts 1901/10 mit dem gleichzeitigen Rückgang der Sterblichkeit verglichen werden, so wird man die folgenden Verhältniszahlen auf 1000 Einwohner für die Zwecke der graphischen Wiedergabe entweder auf das gleich 100 gesetzte Jahresmittel des Jahrzehnts oder auf den gleich 100 gesetzten Stand von 1901 um-

		1901	1902	1903	1904	1905	1906	1907	1908	1909	1910
Geborene	einschl.	36,9	36,2	34,9	35,2	34,0	34,1	33,2	33,0	32,0	30,7
Gestorbene	Totgeb.	21,8	20,6	21,1	20,7	20,8	19,2	19,0	19,0	18,1	17,1

rechnen. Wählt man das Jahresmittel als Basis, so kann diese auch durch eine für Geburtenhäufigkeit und Sterblichkeit gemeinsame Abszissenlinie dargestellt werden. Die jährlichen Abweichungen nach oben und unten wird man dann zweckmäßig in Prozenten ausdrücken, so daß etwa folgendes Liniendiagramm sich ergibt. Der Inhalt des Diagramms steht hier selbstverständlich nicht in Frage, nur die Bedeutung der graphischen Darstellung für die Vergleichung zweier Zahlenreihen soll durch seine Wiedergabe zu Gemüt geführt werden.

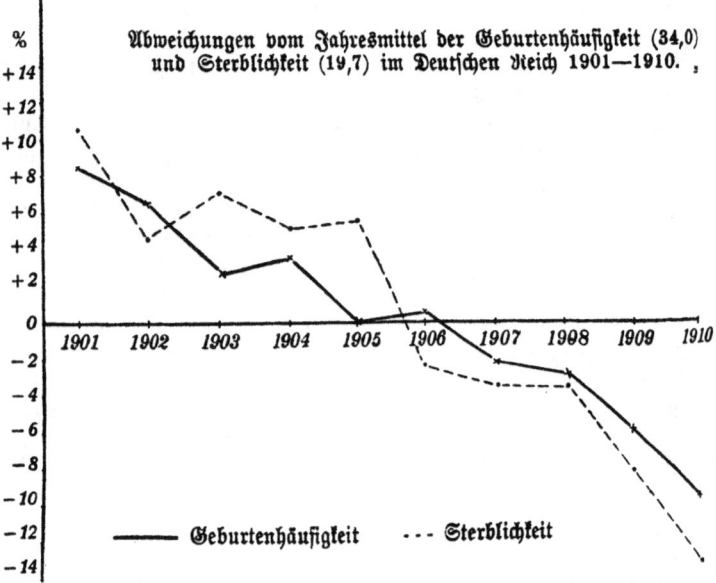

Verschmelzung von Reihen. Den Verlauf einiger weniger Reihen, die in irgendwelcher Beziehung zueinander stehen, vermögen wir auf einem und demselben Diagramm auseinander zu halten. Je größer aber die Zahl und je ungleichartiger der Verlauf der dargestellten Erscheinungen ist, je häufiger sich daher die Linien kreuzen, desto schwieriger wird das Gesamtbild zu übersehen sein. Eine vermutete Gemeinsamkeit läßt sich diesem Liniengewirr nicht mehr entnehmen. Wenn wir beispielsweise die Bewegung der Preise der wichtigsten Nahrungsmittel und Gebrauchsgegenstände, der Wohnungsmieten, der steuerlichen Belastung usf. im letzten Jahrzehnt vor Ausbruch des Weltkriegs uns durch Linien auf einem Diagramm versinnbildlicht denken, so wird uns ein solches Diagramm keinen einheitlichen Eindruck machen können. Wir sind uns zwar alle darüber einig, daß „das Leben damals teurer geworden ist", allein nicht jede Ware kostete gleichmäßig von Jahr zu Jahr mehr. Der Preis jeder einzelnen Ware hat vielmehr bekanntlich die verschiedensten Bestimmungsgründe, die bald in dieser bald in jener Richtung wirken und die im ganzen steigende Tendenz vielleicht überhaupt nicht oder nur ganz undeutlich heraustreten lassen. Müssen wir dieser Fülle der Gesichte gegenüber auf jeden Versuch statistischer Erfassung verzichten? Gibt es keinen zahlenmäßigen Beleg so allgemeiner Sätze wie „das Leben wird teurer", „der Geschäftsgang flaut ab", „der Lohn steigt" u. dgl.? Nun können wir „die Lebenshaltung" oder „die Konjunktur" schlechtweg nicht messen; die einzelnen von der Teuerung oder dem Konjunkturrückgang beeinflußten Erscheinungen zeigen aber, wie wir sahen, kein einheitliches Verhalten, da jede einzelne von ihnen wieder unter dem zuweilen überragenden Einfluß besonderer Bedingungen steht. So bleibt denn als Ausweg nur die Verschmelzung der für jede einzelne Erscheinung getrennten Zahlenreihen in eine einzige, ein Verfahren, das als Bildung von **Meßziffern** oder **Indexzahlen** bekannt ist. Nehmen wir als Beispiel den häufigsten Anwendungsfall, die Berechnung von Meßziffern der Warenpreise. Sie wird folgendermaßen bewirkt: man bestimmt vorab das Jahr oder diejenige Periode, deren Preise als Ausgangspunkt der Berechnung gelten sollen. Alsdann werden die für die Lebenshaltung im allgemeinen oder auch die für eine bestimmte Bevölkerungsschicht wichtigsten Waren in möglichst großer Zahl ausgewählt und deren Preise für je die gleiche Wareneinheit angeschrieben. Die Preise werden dann addiert und dasselbe Verfahren wird für jedes folgende Jahr wiederholt. Ein anderes Verfahren addiert statt der Preise selbst deren auf das Ausgangsjahr bezogene Koordinationszahlen (s. o.) und nimmt aus diesen für jedes folgende Jahr das arithmetische Mittel. Die erhaltenen Summen bzw. Mittelwerte werden alsdann auf den gleich 100 gesetzten Stand des Ausgangsjahrs bezogen. Hat man also für n Waren im ersten Jahr die Preise $a_1\ a_2 \ldots a_n$, im nächsten Jahr die Preise $b_1\ b_2 \ldots b_n$ ermittelt, so wäre die Indexziffer für dieses zweite Jahr nach der einen Rechnung $100 \times \dfrac{b_1 + b_2 + \cdots b_n}{a_1 + a_2 + \cdots a_n}$, nach der anderen Rechnung aber $100 \times \left(\dfrac{b_1}{a_1} + \dfrac{b_2}{a_2} + \cdots \dfrac{b_n}{a_n}\right) : n$. Auf beide Arten erhält man eine einzige Zahlenreihe, deren Verlauf erkennen läßt, ob trotz der Eigenbewegung der Preise der einzelnen Waren doch eine gemeinsame Tendenz nach Verbilligung oder Verteuerung der Lebenshaltung von bestimmter Stärke geherrscht hat.

Während in England die Methode der Indexzahlen schon seit Jahrzehnten zur Kennzeichnung der wirtschaftlichen Entwicklung verwendet und ausgiebig erörtert worden ist, hat man sie in Deutschland wie in fast allen anderen Ländern früher vernachlässigt. Dies änderte sich aber mit einem Schlage, als im Gefolge des Kriegs die schwere Erschütterung der Weltwirtschaft mit ihrer ungeheuerlichen Preisrevolution hereinbrach. Zuweilen glaubte man jetzt, gerade auch in Deutschland, in der Indexzahl die untrügliche Rechenprobe für die sonst ganz unübersichtlich gewordenen wirtschaftlichen Vorgänge, wenn nicht gar den archimedischen Punkt für deren Beherrschung gefunden zu haben. Die Konstruktion von Indexziffern, zuweilen fast Spiel und Mode ohne Ziel und Methode, wurde von allen möglichen Stellen in Angriff genommen, und zu den altbekannten Indexziffern der Groß- und Kleinhandelspreise traten jetzt weitere für die verschiedensten Seiten des Wirtschaftslebens wie Lebenshaltungs-, Lohn-, Kurs-, Valuta-, Devisen-, Preisspannungsindexziffern u. a. m. Insbesondere hat der Wunsch und die Notwendigkeit, Löhne und Gehälter der Preisbewegung einigermaßen anzupassen, auch die Hoffnung, diese Anpassung automatisch regeln zu können, in der Welt, vornehmlich aber in dem von einer so schweren Preisrevolution heimgesuchten Deutschen Reich, neue Indexziffern wie Pilze hervorschießen lassen. Nachdem diese Experimente beinahe so unübersichtlich geworden waren wie die wirtschaftlichen Vorgänge selbst, deren Messung sie dienen sollten, hat aber das logische Reinheits- und das praktische Einheitsbedürfnis energische Sichtungs- und Ordnungsbestrebungen ausgelöst. Die schwankende Terminologie soll befestigt werden, da bisher die Bezeichnungen Index-, Meß-, Koordinations-, Kennziffern und -zahlen fast unterschiedslos verwandt werden; der Lebenshaltungsindex in seinen verschiedenen Abarten ist gegenüber dem eigentlichen Kleinhandelsindex einerseits und der Berechnung des Existenzminimums abzugrenzen, die Buntscheckigkeit der örtlichen Indexzifferberechnungen soll durch den vom Statistischen Reichsamt für alle Gemeinden mit über 10000 Einwohnern berechneten Lebenshaltungsindex, die sog. Teuerungszahlen, ergänzt und soweit möglich ersetzt werden. Daneben gilt es, die für jede Art von Indexrechnung wieder anders gelagerten Schwierigkeiten aufzuzeigen; selbst der halb vergessene Gedanke Neumann-Spallarts, einen Gesamtindex der wirtschaftlichen Entwicklung zu berechnen, ist wieder aufgegriffen worden. Von den älteren Streitfragen ist jene nach dem zweckmäßigsten Ausgangsjahr für die Berechnung der Meßziffern von Groß- und Kleinhandelspreisen an Bedeutung zurückgetreten. Da gegenüber den ungeheuren Verschiebungen der Kriegs- und Nachkriegszeit die an sich gewiß nicht unbeträchtlichen Preisänderungen der vorangegangenen Jahre verschwinden, wird jetzt auch in den Übersichten des Internationalen Statistischen Amts (s. o.) fast immer von der Zeit unmittelbar vor Ausbruch des Weltkriegs als Rechnungsbasis ausgegangen. Die Frage, mit welchem Gewicht die einzelnen Waren im Hinblick auf ihre verschiedene Bedeutung für Konsum und Wirtschaft zu versehen sind, ist dagegen nicht ausgetragen und muß auch je nach dem Zweck der Indexrechnung verschieden beantwortet werden.

So ist denn eine Unmenge von Problemen durch die allgemeine, zuweilen leidenschaftliche Teilnahme aufgerührt worden, die der Berechnung von Indexziffern seit einigen Jahren sich zugewandt hat. Genaueren Aufschluß über die hier notgedrungen nur gestreiften oder gar bloß genannten Fragen gewähren insbesondere die im Literaturverzeichnis angeführten Aufsätze von Morgenroth und Weigel mit ihrer teilweise entgegengesetzten Stellungnahme.

Korrelation. Wenn zwei Zahlenreihen regelmäßig miteinander steigen oder fallen oder die eine immer steigt, wenn die andere fällt und umgekehrt, so sagt man, daß Korrelation zwischen beiden Reihen bestehe und zwar bei gleichlaufender Bewegung positive, bei entgegengesetzt gerichteter negative Korrelation. Alles was die Erfahrung des Alltags in die Satzform „je — desto" kleidet, kann man, soweit es überhaupt zahlenmäßiger Erfassung zugänglich ist, als Korrelation zwischen individuellen Merkmalen oder ganzen statistischen Reihen auffassen. Während die Biologie mit Erfolg die Korrelation individueller Merkmale untersucht, sei es verschiedener Merkmale derselben Exemplare oder desselben Merkmals bei Exemplaren, die in bestimmter Beziehung (Generationsfolge u. dgl.) stehen, hat es die Sozialstatistik zumeist mit selbständigen Zahlenreihen zu tun. Ist bezüglich solcher Reihen eine Korrelation in dem angedeuteten Sinne festgestellt, so schließt man auf einen kausalen Zusammenhang zwischen beiden oder aber auf eine gemeinsame Beeinflussung der beiden untersuchten Reihen durch eine dritte — bekannte oder unbekannte — Erscheinungsreihe bzw. Ursache. Welche Beziehung in Frage kommt, ist der bloßen Feststellung einer Korrelation auf statistisch-graphischem Wege nicht zu entnehmen, kann vielmehr nur aus der Kenntnis der untersuchten Materie heraus entschieden werden. So konnte die Zunahme der Verschuldung unserer Großstädte vor dem Krieg offenbar nicht die Ursache ihrer wachsenden Steuerkraft sein, so wenig wie man die umgekehrte Beziehung statuieren wollen wird, wohl aber hat die an sich nicht meßbare moderne großstädtische Entwicklung beide hervorgerufen. Für die Aufdeckung des Vorhandenseins einer Korrelation zwischen zwei Zahlenreihen bedarf es vorheriger graphischer Veranschaulichung des Reihenverlaufs und mit der durch den optischen Eindruck erweckten Überzeugung muß sich die elementare statistische Untersuchung im allgemeinen auch begnügen. Sie darf sich freilich nicht immer damit zufrieden geben, die statistischen Reihen so wie sie sind in die geometrische Form zu übertragen, sondern hat sie unter Umständen vorab noch zu vereinfachen. Haben wir z. B. auf eine lange Reihe von Jahren zurück Monat für Monat die Angaben über Ehehäufigkeit und Arbeitslosigkeit nebeneinander gestellt, so wird der optische Eindruck der Korrelation nicht ohne weiteres deutlich sein. Die Ehehäufigkeit hat bestimmte jahreszeitliche Maxima, die vom Beschäftigungsgrad unabhängig sind oder vielmehr vermutlich nur in ihrem Ausmaß von diesem beeinflußt werden. Es mögen dann ferner Arbeitslosigkeit und Ehehäufigkeit für den ganzen Zeitraum eine sinkende Tendenz gehabt haben, jene hat aber trotzdem vielleicht mehrere große Wellen auf- und absteigender Konjunktur, daneben noch ihre kleinen regelmäßigen Wellen im Sommer und Winter durchlaufen. Nach unserer früheren Ausdrucksweise würden wir sagen, daß sich die periodischen Schwankungen um die durch eine gerade Linie versinnbildlichte Tendenz gerankt haben. Eine vergleichende Darstellung muß diese Momente sämtlich in Rechnung ziehen, wenn der kausale Zusammenhang herausgestellt werden soll. Die Bedeutung der Jahreszeit muß durch Zusammenrechnung der Januar-, Februar- usw. Zahlen sämtlicher Jahre für beide Erscheinungen ermittelt werden, dem Einfluß der Wirtschaftslage muß dadurch Rechnung getragen werden, daß die Jahre aufsteigender und jene absteigender Konjunktur jedesmal für sich zusammengefaßt werden. Die Gesamttendenz endlich ist durch ein Ausgleichungsverfahren nach Art des auf Seite 72 beschriebenen festzustellen.

Auch damit sind die Vorarbeiten für die graphische Veranschaulichung der Korrelation zweier Zahlenreihen noch nicht notwendig erledigt. Der Einfluß der einen untersuchten Erscheinung auf die andere kann sich in bestimmten Fällen erst in gewissem zeitlichen Abstand äußern, wie bei der Arbeitslosigkeit oder einem anderen Gradmesser der Wirtschaftslage einerseits und der Ehehäufigkeit andererseits oder wiederum der Einfluß dieser letzteren auf die Geburtenfrequenz. Die Bestimmung des Abstandes ist aber keineswegs immer eine leichte Sache und die mit den ursprünglichen Zahlen danach unter Umständen vorzunehmenden Umformungen bedingen zuweilen schwierige Rechenoperationen. Endlich können aber auch oft genug zwei Zahlenreihen ihres ungleichen Charakters halber nicht direkt miteinander verglichen werden. Bei den so beliebten Feststellungen des früheren Zusammenhangs von Erntemengen oder Kornpreisen mit Ehefrequenz, Sterblichkeit und Kriminalität kann man die Maltersäcke nicht in Trauringe, Sargdeckel oder Diebslaternen umrechnen, sondern muß die Stärke der Schwankungen, den Grad der Abweichungen der Einzelwerte der Erscheinungen von ihrem Mittelmaß jeweils miteinander vergleichen. Die mathematische Statistik verwendet zu diesem Zweck die Standardabweichung, die elementare Darstellung kann sich dagegen mit dem arithmetischen Mittel der Abweichungen begnügen.

Ein ganz einfaches Beispiel möge das Gesagte erklären: Gegeben sei einerseits die prozentuale jährliche Zunahme der Bevölkerung einer bestimmten Stadt (Mannheim) von Zählung zu Zählung, an-

VI. Die Deutung der Ergebnisse

bererseits die Zahl der in ihr jeweils auf hundert männliche Einwohner kommenden weiblichen. Die erste Reihe soll mit Z (Zunahme), die zweite mit S (Sexualproportion) bezeichnet werden. Vermutet wird ein Zusammenhang in der Richtung, daß eine starke Bevölkerungszunahme, weil sie zum großen Teil durch den überwiegend aus Mannspersonen bestehenden Wanderungsgewinn hervorgerufen wird, das Zahlenverhältnis der Geschlechter zugunsten der Männer verschieben werde und umgekehrt. Die Zahlen lauten:

Jahr	Z	S	d	d_1	Jahr	Z	S	d	d_1
1861	0,32	102,0	— 3,48	+ 3,3	1885	2,76	99,4	— 1,04	+ 0,7
1864	3,99	99,0	+ 0,19	+ 0,3	1890	5,23	97,5	+ 1,53	— 1,2
1867	3,64	98,6	— 0,16	— 0,1	1895	2,90	101,2	— 0,90	+ 2,5
1871	3,88	94,5	+ 0,08	— 4,2	1900	9,15	93,9	+ 5,35	— 4,8
1875	4,07	99,9	+ 0,27	+ 1,2	1905	3,01	98,6	— 0,79	— 0,1
1880	2,85	101,3	— 0,95	+ 2,6					

Das Gesamtmittel des Zeitraums beträgt für Reihe Z: 3,80, für Reihe S: 98,7. Danach ergeben sich die oben unter d und d_1 aufgeführten Abweichungen vom Mittel; ihre Summe ist für Z gleich

Korrelation zwischen Bevölkerungszunahme und Männerüberschuß.
(Mittlere Schwankung als Einheit genommen.)

——— Bevölkerungszunahme.   — — — weibliche auf 100 männliche Einwohner.

14,74, für S = 21, die durchschnittliche Abweichung demnach für Z = 1,34, für S = 1,91. Die Werte unter d sind nunmehr durch 1,34, jene unter d_1 durch 1,91 zu dividieren und damit in Vielsachen der mittleren Schwankung auszudrücken. Zeichnet man die so erhaltenen Werte auf, so zeigt sich erst seit 1875 eine deutliche Parallelität beider Erscheinungen; führt man danach die ganze Berechnung nochmals für den Zeitraum von 1875—1905[1]) durch, so erhält man das nebenstehende Liniendiagramm, das aufs eindringlichste an eine sogenannte Klecksographie erinnert und damit den Zusammenhang beider Erscheinungen schlagend nachweist.

Bestehen die Reihen, deren Verlauf verglichen werden soll, aus einer sehr großen Zahl von Gliedern, so wird auch die graphische Darstellung unter Umständen kein deutliches Bild ergeben. In diesem Fall kann man vielfach folgendes Verfahren einschlagen. Man faßt die Glieder der Ursachenreihe, wie wir kurz und unmißverständlich sagen dürfen, zu Gruppen mit aufsteigenden Werten zusammen und berechnet für jede dieser Gruppen den Mittelwert der entsprechenden Glieder der anderen Reihe. Eine unter dem Zickzack der Einzelwerte beider Reihen sich verbergende Gleich- oder Gegenläufigkeit kann dann deutlich zutage treten. So wenn z. B. Zahlen für die Durchschnittsmiete pro Wohnraum einerseits und die Sterblichkeit andererseits für die Stadtbezirke einer Großstadt vorliegen würden. Man könnte dann die Bezirke mit einer Durchschnittsmiete von — sagen wir — 50—75 Mk., 76—100 Mk. usw. zusammenfassen und für jede dieser Gruppen das Mittel der Sterblichkeit berechnen.

Wie man eine statistische Reihe vermöge des arithmetischen Mittels oder eines sonstigen Mittelwerts durch eine einzige Zahl zu charakterisieren sucht, so ist die mathematische Statistik bemüht, den Grad der Korrelation zweier Reihen durch einen Zahlenausdruck wiederzugeben. Dieser, der sogenannte Korrelations-Koeffizient, bewegt sich, — in Anlehnung an die zwischen 0 und 1 eingeschlossene Wahrscheinlichkeit eines Ereignisses — zwischen 0 und ± 1. Hier bedeutet 0 die Abwesenheit jeder Korrelation, +1 eine vollständige positive, —1 eine vollständige negative Korrelation, die übrigens alle beide in der Statistik der sozialen Massenerscheinungen nicht vorkommen, da nirgends eine derartige Massenerscheinung als solche zwangsläufig mit einer anderen korrespondiert. Es ist bedauerlich, daß die schwierige mathematische Begründung der Korrelations-

---

[1]) Hier ergeben sich als Mittelwerte 4,28 bzw. 98,8, als durchschnittliche Schwankungszahlen 1,66 bzw. 1,86; darnach die übrigen Werte.

VI. Die Deutung der Ergebnisse

rechnung und ihre mühselige rechnerische Durchführung im einzelnen Fall die Verbreitung dieses bedeutsamen Verfahrens wohl für immer ausschließen wird. Die elementare Statistik hat als Ersatz für sie nur ganz unzureichende Notbehelfe, deren Aufzählung um so weniger nötig fällt, als die Feststellung einer „starken", „geringen", „mittleren" Korrelation usf. durch den optischen Eindruck für praktische Zwecke durchaus genügt und jedenfalls empfehlenswerter ist, als eine zweifelhafte zahlenmäßige Feststellung ihres Grades durch pseudomathematische Operationen.

Daß und Warum. Mit der Aufdeckung von Regelmäßigkeiten im Bau oder Verlauf statistischer Reihen, mit der Nachweisung von Verschiedenheiten der Gestaltung durch Zerfällung einer Gesamtmasse in homogenere Teilmassen, endlich mit der Feststellung funktioneller Zusammenhänge zwischen verschiedenen Reihen ist die Aufgabe der statistischen Bearbeitung beendet. Regelmäßigkeit, Abweichung und Zusammenhang hat sie als Tatsachen festgestellt. Daß auf 100 geborene Mädchen etwa 106 geborene Knaben kommen und dieses Verhältnis im Laufe der Jahre annähernd konstant bleibt, kann die Statistik feststellen, warum aber dem so ist, muß sie der — einstweilen noch ausstehenden — Entscheidung der Biologie oder derjenigen Wissenschaft überlassen, die sich zur Lösung dieser Frage berufen erachtet. Und so überall: die eigentliche Deutung der Ergebnisse der Statistik ist Sache der Einzelwissenschaft, deren Stoffgebiet die statistisch aufgezeigten Tatsachen angehören. Es kommt freilich oft genug vor, daß der Statistiker sich nicht mit der Rolle des Kärrners der Wissenschaft oder Handlangers der Praxis begnügt und selbst die weitere Verwertung seines Erzeugnisses besorgt; alsdann hört er aber, wie schon Rümelin gesagt hat, auf, Statistiker zu sein, „und treibt Nationalökonomie, Politik und Finanzwissenschaft, wenn er auf diese Gebiete hinübertritt".

Indessen muß ja die statistische Formung sich an irgendeinem ausgesuchten Stoff betätigen. Der „reine" Statistiker, der blind in die Wirbelfülle der Erscheinungen hineingreift und bald dies bald das in harmloser Unbefangenheit und völliger Gleichgültigkeit gegen die gewählten Objekte zusammenzählt, ist ein Erzeugnis des Witzes oder der Gedankenlosigkeit. Ohne jede Fachkenntnis kann der Statistiker nirgends mit Erfolg arbeiten, denn seine Tatsachen fallen ihm gemeinhin nicht so mühelos zu, wie die oben erwähnte Sexualproportion. Wenn er die Sterblichkeitsziffer einer Gesamtstadt von — sagen wir — 20 ⁰⁄₀₀ in eine von 12—38 ⁰⁄₀₀ aufsteigende Reihe von Sterblichkeitsziffern für die nach der Wohndichte geordneten Stadtbezirke auflöst, so muß er eben vorher wissen oder vermuten, daß der Sensenmann die dichter stehenden Ähren leichter mäht.

Sachkenntnis und Geschicklichkeit in der Handhabung der statistischen Methode müssen sich immer vereinigen. Wer wie Wilhelm Buschs Meister Zwiel das Schlüsselloch dort sucht, wo es nicht ist, dem sperrt auch der schönstkonstruierte Hausschlüssel die Tür nicht auf, ebensowenig kommt aber ins Haus, wer mit allen möglichen verkehrten Schlüsseln am Schloß herumprobiert. Nicht alle Schlösser kann die Statistik freilich öffnen; ist sie doch nur eines von den Werkzeugen, deren sich Wissenschaft und Praxis zur Erweiterung ihres Machtbereichs bedienen müssen. In welchem Umfang dies geschieht, wird selbst der universellste Kopf heutigen Tages nicht zu schildern vermögen, nur einige Andeutungen und Hinweise darauf soll der folgende letzte Abschnitt noch enthalten.

Siebenter Abschnitt.
Hauptgebiete der Sozialstatistik.

Übersicht. Wie der Scheinwerfer im Dunkel der Nacht einen Lichtkegel aussendet, auf daß man erkenne, was darinnen ruht oder sich bewegt, so untersucht die Statistik ein Stück Umwelt in freier Begrenzung auf sein Erfülltsein mit bestimmten Dingen hin, hebt diese heraus und stellt sie samt ihren Merkmalen zahlenmäßig fest. Irgendwelche mit zähl= oder meßbaren Eigenschaften begabte Dinge sind aber überall in unabsehbarer Menge vorhanden; die Möglichkeiten statistischer Erfassung sind darum unbegrenzt und niemand kann darauf ausgehen, eine vollständige Aufzählung aller denkbaren Arten von Statistik zu versuchen. Wenn wir in unserer gedrängten Darstellung die statistische Tätigkeit nur insoweit berücksichtigt haben, als sie den Menschen und seine Werke zu ihrem Objekt sich erwählt, so ist solcherart die ganze vom Menschen unabhängige Natur und damit eine äußerst ergiebige Quelle statistischen Studiums schon außer Betracht geblieben. Die naturhafte Seite des Menschen selbst dürfen wir freilich nicht gleichfalls ausscheiden, ohne die sogenannte Sozialstatistik ihres wichtigsten Inhalts zu berauben, denn „Geburt und Tod der Individuen sind die letzten Elemente der gesellschaftlichen Massenerscheinungen" (Lexis). Mit diesen, den gesellschaftlichen Massenerscheinungen, hat es aber die Sozialstatistik zu tun. Nicht einmal die Anthropometrie darf unter diesem Gesichtswinkel schlechthin aus der Sozialstatistik verbannt werden, denn wenn sie gleich den Menschen wesentlich als Naturobjekt betrachtet, hat doch der Psychologe und Pädagoge so gut wie der Schneider, der Sozialhygieniker unter Umständen ebensowohl wie der Kriminologe an ihren Feststellungen ein erhebliches Interesse. Die naturhafte Seite des Menschen: sein Entstehen, Wachsen und Vergehen, seine physiologischen Bedürfnisse sind eben in weitem Ausmaß Substrat und Triebfeder der gesellschaftlichen Massenerscheinungen.

So hat denn die Anwendung des statistischen Arbeitsverfahrens auf den Menschen als Lebewesen ein als **Bevölkerungsstatistik** oder **Demographie** bezeichnetes Untersuchungsgebiet abgegrenzt, das man zuweilen auch allein im Sinne hat, wenn man von wissenschaftlicher Statistik spricht. Geburt und Todesfall sind die sofort sich aufdrängenden Zählobjekte dieses Hauptteils aller stofflich bestimmten Statistik und haben ja auch zuerst den Gegenstand bevölkerungsstatistischer Studien abgegeben. Durch Eintritt in die Reihe der Lebenden und Wiederausscheiden aus ihr wird aber auch die Volkszahl nebst deren Zusammensetzung bestimmt. Bei dem großen Einfluß der Eheschließung auf die Kindererzeugung wird auch sie mit Recht in den Kreis bevölkerungsstatistischer Aufgaben einbezogen, ebenso wie anderseits die auf die äußere Verteilung der Bevölkerung und die absolute Höhe der Volkszahl einwirkenden Wanderungen. An der Grenze der Demographie steht angesichts ihrer engen Beziehungen zur Sterblichkeit die Krankheitsstatistik. Krankheit und Tod können aber auch als wichtigster Inhalt eines immer deutlicher zur Ausbildung kommenden Sonderzweigs der Statistik, der medizinischen Statistik, aufgefaßt werden. Die logische Abgrenzung der Bevölkerungsstatistik mangelt durchaus der Bestimmtheit und läßt sich bei der Möglichkeit verschiedener Betrachtungsweise derselben Vorgänge auch nicht gut eindeutig bewerkstelligen, in der Praxis dagegen hat sich die Scheidung im Sinne der unten noch näher mitzuteilenden Aufgabenzuweisung ziemlich übereinstimmend vollzogen. Wenn aber in der Bevölkerungsstatistik immerhin nur bei einigen Teil- und Grenzgebieten die Zugehörigkeit fragwürdig ist,

so wird dem zweiten großen Bestandteil der Sozialstatistik, der **Moralstatistik**, der Anspruch auf selbständige Stellung vielfach überhaupt bestritten. Da sie ihren Stoff im wesentlichen der Bevölkerungsstatistik entlehnen müsse, könne sie nicht neben dieser ein Sondergebiet bilden. In den umfangreichen Versuchen A. v. Oetting-
ens und aus neuerer Zeit G. v. Mayrs, ein eignes System der
Moralstatistik aufzubauen, sieht diese Auffassung lediglich inter-
essante Irrfahrten. Indessen wird es doch wohl erlaubt sein, die
moralisch erheblichen gesellschaftlichen Massenerscheinungen gesonderter Betrachtung zu unterwerfen und zu einem eigenen Gebiet
zusammenzufassen, wenn auch dieselben Erscheinungen in anderem
Zusammenhang Objekte der Bevölkerungsstatistik, der biologischen
Statistik oder sonstiger statistischer Darstellung bilden mögen. Doch
können wir uns die Stellungnahme zu solchen Prinzipienfragen
um so eher ersparen, als die große Schwierigkeit der Absonderung
moralisch bedeutsamer Erscheinungen von moralisch-gleichgültigen
keineswegs verkannt werden soll. Überhaupt stimmt die Einteilung
und Umgrenzung der Sozialstatistik durchaus nicht bei allen Schrift-
stellern überein; G. v. Mayr z. B. stellt der Bevölkerungsstatistik
die Sozialstatistik im engeren Sinn gegenüber und weist dieser die
Moral-, Bildungs-, Wirtschafts- und politische Statistik zu. Von
diesen Teilgebieten ist die wirtschaftliche Statistik wegen der mit
ihr verknüpften oder vielmehr von ihr bedienten praktischen Interessen weitaus am stärksten angebaut. Während aber Demographie
und Moralstatistik, oder wenn man beide nicht gleichstellen will,
mindestens doch die Bevölkerungsstatistik ein Wissenszweig von
großer Selbständigkeit und innerer Geschlossenheit ist, dessen Aus-
bau gerade dem Fachstatistiker besonders am Herzen zu liegen
pflegt, ist die Wirtschaftsstatistik zumeist nur Materiallieferantin.
Die Feststellung einfacher absoluter Zahlen beansprucht hier den
weitaus größten Raum, womit freilich nicht schon gesagt sein soll,
daß diese Feststellung selbst eine einfache Sache sei. Die weitere
wissenschaftliche Verarbeitung des gewonnenen Zahlenmaterials ist
dagegen, abgesehen etwa von der Preisstatistik, in viel geringerem
Umfange als bei der Bevölkerungsstatistik Aufgabe der Fachstatistik
selbst, sondern wird — nicht immer zum Vorteil der Sache — ebenso
wie dessen praktische Verwertung zumeist von den Interessenten
und ihren Vertretern besorgt.

Für unsere Zwecke wird es genügen, wenn wir der Bevölkerungs-
und Moralstatistik einerseits, der wirtschaftlichen Statistik andererseits
noch einige nähere Ausführungen widmen, die übrigen Zweige
der Sozialstatistik aber gleich hier mit wenigen Worten erledigen.
Die politische Statistik, deren wesentlichen Inhalt wenigstens bisher
die zahlenmäßige Darstellung von Wahlergebnissen aller Art,
der Hilfs- und Machtmittel der einzelnen Parteien, insonderheit
also der politischen Presse bildet, nähert sich nach der Art ihrer
Verwendung noch am ehesten der Wirtschaftsstatistik. Durch ihre
Verbindung mit Tatsachen der Zusammensetzung der Bevölkerung
nach Nationalität, Bekenntnis und neuerdings Geschlecht, soweit
Klassenwahlen in Frage kommen auch mit den Ergebnissen der
Steuerstatistik, vermag sie ihren im Grunde genommen doch engen
Horizont gelegentlich zu erweitern. Die bekannte Streitfrage, inwieweit
die prozentuale Wahlbeteiligung als Gradmesser des politischen
Interesses betrachtet werden darf, hat auch zu feineren statistischen
Untersuchungen Anlaß gegeben. Die eigenartige graphische Darstellung
der englischen Wahlergebnisse durch den Ausschlag eines Pendels
nach der konservativen oder liberalen Seite mag der Kuriosität
halber erwähnt werden. Der Bildungsstatistik im weiteren
Sinne wird man alle zahlenmäßige Auskunft über das Unterrichtswesen,
seine Einrichtungen, Benutzung und Erfolge, daneben
auch die einstweilen noch wenig ausgebildete Statistik der wissenschaftlichen
und namentlich künstlerischen Darbietungen zurechnen
dürfen.

Bevölkerungsstand. Kein Gemeinwesen, das in den Weltverkehr
einbezogen ist, sieht sich in der Lage, die Angaben über seine Volkszahl
dauernd auf dem Laufenden zu halten. Je weiter man sich zeitlich
von einer genauen Feststellung der Einwohnerzahl entfernt, desto
unsicherer wird das Ergebnis der Fortschreibung; denn wenn der
Überschuß der Geborenen über die Gestorbenen nach den kirchlichen
oder standesamtlichen Nachweisungen in unseren Kulturstaaten mit
völlig genügender Sicherheit berechnet werden kann, so ist die Wanderungsbilanz,
d. h. der durch das Überwiegen der Zuwanderung
oder Wegwanderung entstehende Gewinn oder Verlust um so schlechter
festzustellen. Schon mit Rücksicht auf die für die mannigfachsten
Verwaltungs- und wissenschaftlichen Zwecke unbedingt notwendige
Kenntnis der Volkszahl als solcher bedarf es daher von Zeit zu

Zeit ausdrücklicher Feststellung der Einwohnermenge; dazu kommt, daß der gleichfalls erforderliche Einblick in den Aufbau der Bevölkerung nach den verschiedensten Richtungen auf anderem Weg als durch eigentliche Zählung nicht zu erlangen ist. Die Frage der möglichst zweckmäßigen Einrichtung der Volkszählungen spielt daher in der Praxis und Theorie der Statistik erklärlicherweise eine große Rolle. Man hat den hierher gehörigen Fragenkomplex auf die Formel gebracht: Wer, was, wie und wann ist zu zählen? Wer — nämlich die gerade zur Zählungszeit am Zählort sich aufhaltende, die sogenannte ortsanwesende Bevölkerung oder aber die Wohnbevölkerung, die am Zählort normalerweise ihren Wohnsitz hat? Einfacher ist die erste, belangreicher die zweite Feststellung. Das Wie der Zählung ist eine wesentlich technisch-finanzielle Frage, deren Beantwortung sich nach den verfügbaren Mitteln und Hilfskräften richten muß. Wann gezählt werden soll, hängt u. a. davon ab, zu welchem Zeitpunkt die Beweglichkeit der Bevölkerung am geringsten ist. Man hat in Deutschland schon seit Einführung der Zollvereinszählungen den Anfang des Dezember als diesen Zeitpunkt angesehen; mit der zunehmenden Unrast unseres Lebens wird es aber immer schwerer, einen solchen fiktiven Zeitpunkt verhältnismäßiger Ruhelage ausfindig zu machen, so daß man jetzt Zählungen zur Sommer- und Winterszeit des gleichen Jahres, wenn auch in größerem Abstand von der vorausgegangenen Zählung als bisher üblich eher das Wort reden möchte. Am bedeutsamsten ist die Frage nach dem Was, anders ausgedrückt nach den Merkmalen, hinsichtlich deren die Durchzählung später erfolgen soll oder die zur Sicherung der Richtigkeit der Ergebnisse ermittelt werden müssen. Läßt man die hierauf abzielenden Fragen, die sogenannten Kontrollfragen, außer Betracht, so stellt sich die Dreiheit des Geschlechts, Alters und Familienstandes als Rückgrat aller Befragung dar. Für die Bildung vieler spezifischer Häufigkeitszahlen, von denen im vorhergehenden Abschnitt die Rede war, erweist sich die Ausgliederung der männlichen und weiblichen Bevölkerung nach dem Familienstand und innerhalb derselben nach einzelnen Altersjahren als ganz unentbehrlich. Von den übrigen Erhebungsmerkmalen kann nur noch die Stellung der Einzelpersonen zum Vorstand der Haushaltung, in der sie lebt und der Beruf als unentbehrlich für die Befragung angesehen werden. Jene gibt die Unterlage für die

Haushaltungsstatistik ab, einen wichtigen Zweig der Bevölkerungsstatistik, der den Menschen nicht isoliert, sondern als Mitglied des engsten ihn umspannenden Verbands betrachtet und den Veränderungen nachgeht, die unter der Einwirkung der wirtschaftlichen Entwicklung die ursprüngliche Familienhaushaltung mit und ohne häusliche oder gewerbliche Dienstboten erleidet. Gibt's bei der Beantwortung der Frage nach dem Geschlecht nur ein Entweder — Oder, beim Familienstand nur wenige deutlich geschiedene Antwortmöglichkeiten, so sind bei der Frage nach der Stellung zum Haushaltungsvorstand schon vereinzelte Zweifel über die einwandfreie Beantwortung möglich und noch viel zahlreicher werden diese sowohl wie erst recht die Bedenken hinsichtlich der richtigen Klassifizierung bei der Frage nach dem Beruf. So ist denn die Ermittlung der beruflichen Schichtung der Bevölkerung vielfach mittels eigner, von der Volkszählung getrennter Erhebungen bewerkstelligt worden, die im Deutschen Reich, nicht durchweg zu ihrem Vorteil, mit der Zählung der landwirtschaftlichen und gewerblichen Betriebe verbunden worden sind. Regelmäßig erfragt wurde früher in Deutschland anläßlich der Volkszählung außerdem noch das Religionsbekenntnis, nur gelegentlich — leider — der Geburtsort, dessen Bearbeitung die einzige Möglichkeit bietet, das Ergebnis der durch die Wanderungen verursachten Umschichtung der Bevölkerung festzustellen. Staatsangehörigkeit, Muttersprache, Militärverhältnis, Gebrechen sind weitere, mehr oder weniger regelmäßig erhobene Merkmale. Die Versuchung, Volkszählungen zur Feststellung aller möglichen, auf anderem Weg in ihrer Stärke und Verbreitung nicht erfaßbarer Erscheinungen zu benutzen, ist groß, andererseits ist aber die höchstzulässige Belastungsgrenze des Publikums mit Fragen bald erreicht; wird sie überschritten, so leidet die Pünktlichkeit der Antworten. Darum muß namentlich in der Stellung solcher Fragen, die sich nur an einen verhältnismäßig kleinen Teil der Gesamtbevölkerung wenden, die größte Zurückhaltung beobachtet werden.

Ohne jede Rücksicht auf die natürliche oder soziale Differenzierung der Bevölkerung nach einem der soeben erwähnten Merkmale kann der gezählte Mensch auch als unterschiedsloser Einser betrachtet und lediglich seine Verteilung über die Fläche zum Gegenstand der Untersuchung gemacht werden. Es sind die Aufgaben der möglichst einwandfreien Berechnung der Bevölkerungsdichtigkeit und der Volksanhäufung (Agglomeration), die diesen scheinbar so einfachen Untersuchungsgegenstand zu einem viel bestrittenen und schwierigen stempeln. Selbstverständlich lassen sich auch beide Betrachtungsweisen, jene des Aufbaus und jene der Verteilung der Bevölkerung vereinigen; denn der Altersaufbau der Bevölkerung z. B. ist in Stadt und Land ganz verschieden und gegenseitig komplementär zum Aufbau im ganzen Staatsgebiet — bekanntlich in der Hauptsache eine Folge der Abwanderung des jungen Landvolks in die Städte.

Bevölkerungsbewegung. Wenn die Volkszahl einer Stadt von einer Zählung zur anderen von x auf $x+a$ wächst, so stellt dieses a das Ergebnis der Abgleichung von Geborenen (g) und Gestorbenen (t), von Zu- und Weggewanderten (z und w) dar. An jedem dieser Buchstaben hängt aber eine lange Geschichte, viel Rechen- und Denkarbeit. An den Erscheinungen der natürlichen Bevölkerungsbewegung hat sich das Licht statistischer Forschung entzündet, die Entdeckung ihrer Regelmäßigkeit hat den Eifer eines Graunt und Süßmilch angespornt und bis auf den heutigen Tag sind sie der bevorzugte Gegenstand scharfsinniger statistischer Untersuchungen geblieben.

Die Haufen derer, die ans Licht kommen — um mit Süßmilch zu reden — lassen schon die verschiedenartigste Gliederung zu. Allein die einfache Unterscheidung nach dem Geschlecht der Neugeborenen, die Frage der sogenannten Sexualproportion und die Tatsache des kleinen Knabenüberschusses, den diese Unterscheidung fast regelmäßig ergibt, hat eine unübersehbare Literatur entstehen lassen. Wie groß ist dieser Überschuß? In welchem Grad ist er beständig? Wie stellt er sich bei Zerlegung der Gesamtheit der Geborenen in gleichartige Teilmassen? Nimmt er nach Kriegen zu? Wie erklärt er sich? Das sind einige von den Fragen, an deren Aufhellung seit Jahrhunderten die Arbeit der Bevölkerungsstatistik teils selbständig, teils in Verbindung mit Biologie, Theologie und anderen wirklichen oder Pseudowissenschaften bemüht ist. Als Einteilungsgrundlagen für die erwähnte Zerfällung der Geborenenmasse in gleichartige Teilmassen mögen die Legitimität — ehelich Geborene oder ehelich Gezeugte — die Jahres- und Tageszeit, die Altersverhältnisse der Eltern, die Ordnungszahl der Geburt innerhalb derselben Ehe unter vielen anderen erwähnt werden. An den pathologischen Erscheinungen der Tot- und Fehlgeburten nimmt die medizinische aber auch die Moralstatistik besonderes Interesse, die Mehrlingsgeburten geben zu Vergleichen ihrer Zusammensetzung mit den nach der Wahrscheinlichkeitsrechnung zu erwartenden Zahlenverhältnissen Anlaß u. a. m. Besondere Beachtung dürfen ferner die Verhältniszahlen beanspruchen, die aus der Gegenüberstellung der Geborenen mit der Gesamteinwohnerzahl sich ergeben. Seit Jahrzehnten sehen wir die so ermittelte allgemeine Geburtenziffer in den Kulturstaaten zurückgehen, seit dem Beginn des Jahrhunderts mit solcher Schnelligkeit, daß die öffentliche Aufmerksamkeit sich allenthalben dieser Erscheinung zuwendet und die Frage des Rassenselbstmordes brennend wird. Mit den allgemeinen Geburtenziffern ist freilich erst ein ungefährer Überblick gewonnen; ihr Rückgang sagt noch nichts über die tatsächliche Stärke der rückläufigen Bewegung aus und könnte vielleicht in lediglich rechnungsmäßiger Vergrößerung des Divisors, etwa durch verhältnismäßige Verstärkung des an der Reproduktion nicht beteiligten Kinderbestandes infolge der abnehmenden Säuglingssterblichkeit, seine Erklärung finden. So erweist es sich als notwendig, genauere Ziffern zu berechnen, die ehelich Geborenen z. B. mit dem Bestand an verheirateten Frauen im gebärfähigen Alter zu vergleichen, die Geburtenfolge eingehender zu untersuchen, um zu ermitteln, ob der Ausfall vornehmlich bei den höheren Ordnungszahlen der in derselben Ehe Geborenen sich zeigt usw. Sobald solche Fragen erst einmal die öffentliche Aufmerksamkeit auf sich gezogen haben, pflegt das Schlagwort eine verhängnisvolle Rolle zu spielen, es muß daher auf die Schwierigkeiten ihrer exakten Beantwortung nachdrücklich hingewiesen werden. Selbst wenn diese behoben sind, der notwendige Zahlenstoff beschafft und methodisch einwandfrei verarbeitet worden ist, bleibt der Bewertung und Deutung der Ergebnisse der Rechnung ja noch ein weiter Tummelplatz.

Noch weit umfangreicher sind die Aufgaben, die unser Ausscheiden aus der Zahl der Lebenden der Statistik stellt. Das ist leicht verständlich, denn erst der Tod grenzt die Lebenslinie zusammen mit der Geburt nach ihrer Länge ab und das solcherart sich ergebende Alter der Gestorbenen tritt als neues, überaus fruchtbares Gliederungsmerkmal zu den übrigen des Geschlechts, Familienstandes, Berufs usf. Hieraus ergibt sich die Möglichkeit weitgehender Differenzierung der Gestorbenenmasse, denn das Sterben ist in hohem Grade Funktion des Älterwerdens, daß das erreichte Lebensalter bei allen statistischen Untersuchungen der Sterblichkeit berücksichtigt werden muß. Den besonderen Einfluß der anderen Merkmale auf die Dauer des Menschenlebens gilt es aber zu ergründen und wenn möglich in Zahlen zu fassen. So suchen soziale Hygiene und medizinische Statistik den Einfluß der Umwelt, der natürlichen und sozialen Faktoren auf Höhe und Verlauf der Sterblichkeit zu ermitteln: Jahreszeit, Klima, Rasse, Geschlecht, Familienstand, Beruf, Wohlhabenheit, Wohndichte und viele andere bieten sich als Unterscheidungsmerkmale für die Bildung gleichartiger Gruppen von Gestorbenen dar. Gerade darum aber, weil keiner dieser Faktoren für sich allein das Ausmaß des Menschenlebens bestimmt, ist bei all solchen Untersuchungen die größte Vorsicht in der Verwertung der Zahlen geboten. Eine mächtige Stütze gewinnen sie freilich dadurch, daß außer der nackten Tatsache des Ablebens auch die Todesursache statistisch verwertet werden kann, mit deren Hilfe sich die Bedeutung solcher Einflüsse wie Jahreszeit, Beruf, Wohndichte eindringlicher darstellen läßt. Wenn wir mittels eines Kreisdiagramms die durchschnittliche Tageszahl der Gestorbenen monatweise darstellen, so können sich in den Winter- und in den Sommermonaten stärkere Anschwellungen bemerkbar machen; gliedert man diese Gestorbenen nach dem Alter, so zeigt sich, daß die Sommeranschwellung auf Rechnung der Säuglinge kommt, die winterliche Ausbuchtung aber von der vermehrten Sterblichkeit der Greise herrührt. Hebt man dann weiter aus der Gesamtheit der gestorbenen Säuglinge und Greise die an Magen- und Darmkatarrh einerseits, an Lungenentzündung andererseits Verstorbenen heraus, so wird der Verlauf der Kurven noch stärker verzerrt erscheinen.

Die genaue Messung der Sterblichkeit ist schon wegen ihrer großen praktischen Bedeutung für das Versicherungswesen eine der wichtigsten Aufgaben der Bevölkerungsstatistik. Ihre übliche Berechnung mittels Bildung der sogenannten Sterbeziffer, d. h. mittels Division der Zahl der Sterbefälle eines bestimmten Zeitabschnitts durch die Einwohnerzahl, genügt nur für die Zwecke allgemeiner vergleichender Übersichten. Genaueren Aufschluß über die in einer Bevölkerung herrschenden Sterblichkeitsverhältnisse vermag nur die Berechnung einer Sterbetafel zu gewähren. Eine solche Tafel soll für ein bestimmtes Gebiet das allmähliche Absterben einer Generation von gleichzeitig Geborenen bis zu ihrem völligen Erlöschen nachweisen. Da ein derartiger Nachweis indessen für eine wirkliche Generation nicht geführt werden kann und auch wegen der im Lauf eines Jahrhunderts eintretenden Änderungen der Sterblichkeitsverhältnisse keine praktische Bedeutung beanspruchen dürfte, so wird an ihrer Stelle eine sogenannte ideelle Generation aus den während eines bestimmten Jahres Lebenden und Gestorbenen zusammengesetzt. Die Darlegung der zu diesem Zweck ersonnenen Methoden muß indessen einer Sonderdarstellung der Bevölkerungsstatistik oder des Lebensversicherungswesens überlassen werden.

Weit weniger befriedigend als die Statistik des tatsächlichen Zu- und Abgangs von Menschen durch Geburt und Tod ist die Statistik der bloßen Verschiebungen durch Wanderung ausgebaut. Während dort Anfangs- und Endpunkt, Geburt und Tod, genau erfaßt werden und die zurückgelegte Lebensstrecke in jedem einzelnen Fall sich ausmessen läßt, bleibt bei den Wanderungen der Ausgangspunkt und die bisher zurückgelegte Wegstrecke vielfach unbekannt. Der Wanderungsvorgang als solcher entzieht sich in weitaus den meisten Fällen der statistischen Beobachtung, die froh sein muß, wenn sie in bestimmten Zeitabständen, gelegentlich der Volkszählungen, den eingetretenen Erfolg feststellen kann. Namentlich die Binnenwanderungen sind bislang noch ein statistisch größtenteils unerforschtes Gebiet, während sich die Aus- und Einwanderung, wenigstens soweit sie sich über See vollzieht, immerhin einigermaßen erfassen läßt. Neben der früher ausschlaggebenden Wanderungsart mit dauernder Verlegung des Wohnsitzes sind in neuerer Zeit die sogenannten Pendelwanderungen zwischen Wohn- und Arbeitsort immer bedeutungsvoller geworden und verlangen gleichfalls gebieterisch genauere statistische Untersuchung.

Dem Bevölkerungswechsel, der Geburt, Tod und Wanderung umschließt, hat man wohl die Bevölkerungsentfaltung gegenübergestellt und ihr Eheschließungen, Ehelösungen und Erkrankungen als statistische Untersuchungsobjekte zugewiesen. Befriedigend ist diese Einteilung nicht gerade, bei der nahen Beziehung der Eheschließung zur Geburt einerseits, anderseits der Erkrankung zum Tod wird man aber praktisch mit ihr auskommen können. Ob die Erkrankungen überhaupt nicht aus der Bevölkerungsstatistik ausgeschieden und der medizinischen Statistik überlassen werden könnten, mag dahin gestellt bleiben.

Moralstatistik. Will man die Moralstatistik als einen selbständigen Wissenszweig anerkennen, so wird man bei weitester Umgrenzung ihr als Stoffgebiet mit G. v. Mayr solche Handlungen, Ereignisse und deren Folgewirkungen zuweisen, die Rückschlüsse auf die Gestaltung des Sittenlebens der Menschen gestatten und der Massenbeobachtung in Zahl und Maß zugänglich sind. Die Abgrenzung der moralisch bedeutsamen Tatsachen und Vorgänge innerhalb der sozialen Massenerscheinungen ist freilich, wie schon erwähnt, nicht leicht zu bewerkstelligen, immerhin wird man einige Gruppen von Erscheinungen für die Moralstatistik mit unzweifelhafter Sicherheit in Anspruch nehmen dürfen. In erster Linie gilt dies für die Kriminalstatistik in all ihren Verzweigungen; hat doch die freilich zuerst stark überschätzte Regelmäßigkeit des Vorkommens bestimmter Verbrechen den ersten Anstoß zu den oben erwähnten langjährigen Kämpfen um die Beweiskraft dieser Konstanz für die Leugnung der menschlichen Willensfreiheit gegeben. Trotz ihrer hohen Bedeutung für Strafrechtswissenschaft und Bekämpfung des Verbrechens ist die Kriminalstatistik leider in Deutschland wie anderwärts noch sehr weit von der theoretisch als wünschenswert oder vielmehr notwendig erkannten Ausgestaltung entfernt. So läßt namentlich die deutsche Rückfallstatistik ungeachtet aller Bemühungen um ihre Verbesserung und aller in der Tat erzielten technischen Fortschritte auch jetzt noch hinsichtlich ihrer Vollständigkeit und Zuverlässigkeit manches zu wünschen übrig. Um die internationale Vergleichbarkeit der kriminalstatistischen Angaben ist es bei dieser Lage der Dinge natürlich erst recht übel bestellt.

Welche Stellung man auch in der ethischen Bewertung des freiwilligen Verzichts auf leibliche Fortdauer einnehmen mag, der Forderung, die freiwilligen von den übrigen Sterbefällen zu unterscheiden, wird jedermann zustimmen, der an moralstatistischen Untersuchungen überhaupt Anteil nimmt. So ist denn die Selbstmordstatistik eine fast unbestrittene Domäne der Moralstatistik geworden. Die zeitliche Entwicklung und raumzeitliche Verteilung der Selbstmorde, die persönlichen Verhältnisse der Selbstmörder, die Beweggründe ihrer Tat und die Mittel, durch die sie ihr Ziel erreicht haben, sind neben vielen anderen Unterscheidungsmerkmalen namentlich in neuerer Zeit eingehend untersucht worden. Das große Werk v. Mayrs bringt zu diesem Hauptstück der Moralstatistik wie zu den anderen äußerst reichhaltige Zahlennachweise, hält aber auch mit der Beurteilung ihrer Zuverlässigkeit nicht zurück. In der Tat stellen sich schon der genauen Ermittlung der Zahl der Selbstmorde große, vorerst wohl unüberwindliche Schwierigkeiten in den Weg, die sich aus der Scheu der Angehörigen vor unbefangener Angabe einer unter Umständen mit kirchlichen und gesellschaftlichen Nachteilen verknüpften, zum mindesten aber lästige Neugier hervorrufenden Tatsache leicht genug erklären. Noch weit schwieriger ist aber die zahlenmäßige Erfassung der doch in erster Linie bedeutsamen Beweggründe des Selbstmords, die oft genug im dunkeln bleiben, zumeist aber auch einen Komplex darstellen, dem mit den rohen Mitteln statistischer Darstellungskunst nicht beizukommen ist.

Auch bei den Ehelösungen bilden die durch Willensentschluß und nicht durch höhere Gewalt herbeigeführten eine Sondergruppe, deren Behandlung sich die Moralstatistik vorbehalten muß. Die Statistik der Ehescheidungen wird daher aus der gewöhnlich zusammen mit den Eheschließungen behandelten Statistik der Ehelösungen mit Vorliebe herausgeschält und gesonderter Betrachtung unterworfen. Insoweit die Entfremdung der Ehegatten zu einem Akt der Rechtspflege geführt hat, ist die Vollständigkeit der Nachweisungen gewährleistet, die Statistik der Ehescheidungen also im Vorteil gegenüber jener der Selbstmorde. So wenig aber die Kriminalstatistik einen zahlenmäßigen Ausdruck des tatsächlichen Umfangs verbrecherischer Handlungen bieten kann, weil eben viele von diesen ihre Ahndung gar nicht finden, ebensowenig kann die Statistik der Ehescheidungen ein Maß für die Zu- oder Abnahme der Stärke der ehelichen Bundestreue abgeben. Wie überall in der Moralstatistik, so macht sich auch in diesem Teilstück derselben der summarische, für die feineren Einzelheiten und Übergänge unempfindliche Charakter des statistischen Darstellungsverfahrens unliebsam bemerkbar.

Als ein unzweifelhaft der moralstatistischen Betrachtung zugängliches Teilgebiet ist endlich die gewerbsmäßige Unzucht anzuerkennen. Nach Lage der Dinge könnte vorerst nur die weibliche Prostitution, soweit sie der Kontrolle untersteht, von der amtlichen Statistik erfaßt werden, wie dies in der Tat in Rußland für das ganze Reichsgebiet versucht worden ist. Allein die übermäßige Verbreitung der geheimen Prostitution, dazu die Schwierigkeit der Abgrenzung und die Unsicherheit aller über die einfachsten Ermittlungen hinausgehenden Angaben lassen dieses Gebiet vorderhand noch als ein Betätigungsfeld privater Forschung erscheinen, der das statistische Arbeitsverfahren nur gelegentliche Hilfsdienste leisten kann.

Außer den hier genannten „primären" Aufgaben der Moralstatistik gibt es noch zahlreiche andere, statistischer Erfassung unterliegende Erscheinungen, die neben ihrer der Bevölkerungs-, Wirtschaftsstatistik usw. zufallenden Haupteigenschaft eine moralstatistische Seite aufweisen. Je nach dem Nachdruck, den man auf diese Seite der Erscheinung legt, verengert und erweitert sich natürlich auch der Aufgabenkreis der Moralstatistik.

Wirtschaftsstatistik. Das wirtschaftliche Leben, die Erzeugung, Verteilung und Verwendung der Güter, fördert eine gewaltige Menge statistisch erfaßbarer Tatsachen andauernd zu Tag, deren zahlenmäßige Festhaltung jede umsichtige Wirtschaftsführung und zweckmäßige Einteilung der wirtschaftlichen Arbeit allerst ermöglicht. Es ist aber ausgeschlossen, auf knappem Raum die einigermaßen deutlich abgegrenzten Teilgebiete der Wirtschaftsstatistik auch nur aufzuzählen; ihre systematische Gliederung und die Besprechung ihres derzeitigen Zustands und wünschenswerten Ausbaus kann erst recht nicht Aufgabe dieser Zeilen sein. Nur einige Hinweise auf die vielgestaltige Tätigkeit der wirtschaftlichen Statistik mögen hier noch gegeben werden.

Geht man von der Gütererzeugung aus, so muß zunächst hervorgehoben werden, daß eine strengen Anforderungen an Genauigkeit und Vollständigkeit entsprechende **Produktionsstatistik** bisher aus naheliegenden Gründen noch nirgends durchgeführt werden konnte. Die immer rege Furcht vor steuerlichen Hintergedanken statistischer Erhebungen nimmt selbstverständlich in dem Maß zu, in dem sich diese den internen Vorgängen des Betriebs nähern, aber selbst bei vollkommener Vertrauenswürdigkeit der erhaltenen Auskünfte sind die sachlichen Schwierigkeiten einer Erfassung der nationalen Produktion außerordentlich groß. Schon die näherungsweise Feststellung des Geldwerts der nationalen Gütererzeugung, darüber hinaus des gesamten **Volkseinkommens** und **Volksvermögens** sind Arbeiten, deren völlige Durchführung trotz mancher zum Teil geistreicher Lösungsversuche bis auf den heutigen

Tag nicht hat glücken wollen. Besser ist es um die Erfassung bestimmt umschriebener Teile der nationalen Gütererzeugung nebst ihren Unterlagen und um die Ermittlung der am Produktionsprozeß mitwirkenden Einzelkräfte bestellt. Die letztere ist Aufgabe der **landwirtschaftlichen und gewerblichen Betriebsstatistik**, deren Aufstellung in Deutschland eigene große Reichszählungen gewidmet sind. Besser als Worte legt der gewaltige Umfang der aus diesen Erhebungen entspringenden Veröffentlichungen der amtlichen, insbesondere der Reichsstatistik für die Bedeutung solcher Zählungen Zeugnis ab. Zusammen mit der Statistik des Außenhandels bietet die Betriebs- nebst der ihr angegliederten Berufsstatistik den besten Aufschluß über Stärke und Richtung der unser Wirtschaftsleben beherrschenden Kräfte. Die weitere wissenschaftliche Erschließung der in den großen Quellenwerken niedergelegten und, wie man leider hinzufügen muß, oft verborgen bleibenden Ergebnisse dieser Reichszählungen ist darum eine besonders verdienstliche und lohnende statistische Forscherarbeit.

Die Statistik des Güterumlaufs ist mindestens nach einzelnen Richtungen gut ausgebaut. Jener Teil des nationalen Bedarfs und Versands wirtschaftlicher Güter, der sich über die Grenzen des Wirtschaftsgebiets bewegt, wird durch die **Handelsstatistik** in leidlicher Vollständigkeit erfaßt, dagegen vermag uns die heutige Statistik nur ganz mangelhaft über den Güteraustausch zwischen den einzelnen Teilen des Reichs zu unterrichten und in anderen Ländern liegen die Dinge dem Anschein nach kaum günstiger. Nur ergänzungsweise liefern die **Eisenbahngüter-** und die **Binnenschiffahrtsstatistik** Nachweisungen über Stärkegrad und Richtung dieser inneren wirtschaftlichen Beziehungen.

Die **Statistik des Arbeitslohnes** stellt ein Bindeglied zwischen der Produktions- und der Einkommensstatistik dar und kann andererseits als das Hauptstück der sozialen Statistik im engsten Wortverstand gelten. Die Bezugsquellen für die Aufstellung von Lohnstatistiken sind mannigfacher Art: für weite Kreise von Lohnempfängern vermögen die Träger der Sozialversicherung im Deutschen Reich wertvolle Unterlagen zu liefern, Verwaltungen und Betriebe, Vereinigungen von Arbeitgebern und Arbeitnehmern sind im Besitz reichhaltigen Zahlenstoffes. Leider läßt aber gerade wegen der für die Aufstellung der Statistik häufig maßgebenden Sonderinteressen die Einheitlichkeit und Vergleichbarkeit der auf die verschiedenste Weise gewonnenen Zahlen meistens zu wünschen übrig. Eine systematische, auf einen namhaften Bruchteil der Arbeiter- und Angestelltenschaft erstreckte, selbständige Lohn- und Gehaltserhebung ist vom Deutschen Reich erstmals nach dem Stand vom Februar 1920 vorgenommen worden. Der **Statistik der Preise**, die unter dem Gesichtswinkel des Erzeugers, des Händlers oder des Verbrauchers aufgestellt werden kann, leider aber infolge mangelnder Berücksichtigung der Qualität oft genug zu unvergleichbaren Zahlen führt, ist im Zusammenhang mit den oben erwähnten Bestrebungen zur Gewinnung von Preisindexziffern und Teuerungszahlen neuerdings allenthalben erhöhte Beachtung geschenkt worden.

Das Einkommen bietet sich nach Quelle und Betrag als dankbares Objekt statistischer Erfassung dar. Bei der Verschiedenartigkeit der gesetzlichen Grundlagen seiner Feststellung und deren bekannter Unvollständigkeit eignet sich die **Einkommensteuerstatistik** freilich im allgemeinen besser für zeitliche Vergleiche der Entwicklung der Verhältnisse innerhalb eines bestimmten Steuergebiets als zur Gegenüberstellung der Ergebnisse verschiedener Staaten und Länder. Die Umgestaltung der Einkommensteuer zur Reichssteuer läßt indessen in absehbarer Zeit auch für das Deutsche Reich eine einheitliche Einkommensteuerstatistik erwarten. Am unteren Ende der Einkommensreihe, wo der eigene Verdienst nicht für die Fristung des Lebens hinreicht, setzt schließlich die **Armenstatistik** und deren neuere Ergänzung, die **Statistik der sozialen Fürsorge** mit ihren besonderen Aufgaben und Schwierigkeiten ein. Insofern aus der Besteuerung des Einkommens ein großer Teil des Aufwands in Staat und Gemeinde bestritten wird, darf auch die **Finanzstatistik** in diesem Zusammenhang genannt werden. An der Behebung der ungewöhnlich großen Schwierigkeiten einer vergleichenden Finanzstatistik wird seit Jahren mit starkem Hochdruck gearbeitet.

Endlich ist im Anschluß an die Finanzstatistik der öffentlichen Körperschaften noch an die Analyse der Wirtschaftsgebarung der einzelnen Wirtschaftssubjekte durch die **privatwirtschaftliche Statistik** zu erinnern, deren Aufgabenkreis in neuerer Zeit durch das Aufkommen der internen kaufmännischen Betriebsstatistik eine beachtenswerte Erweiterung erfahren hat. Wie die Ergebnisse der Bevölkerungs- oder Wirtschaftsstatistik je nach dem eingenommenen

Standpunkt auch moralstatistische Bedeutung beanspruchen dürfen, so kommt den unter rein privatwirtschaftlichem Gesichtswinkel aufgestellten Geschäftsstatistiken unter Umständen ein — freilich wohl nur ausnahmsweise Befriedigung findendes — sozialstatistisches Interesse zu. Bezüglich der übrigen, zum Teil mit Eifer und Erfolg bearbeiteten Materien der Wirtschaftsstatistik — es sei hier nur an das für die Gemeinden so wichtige Wohnungswesen erinnert — muß auf die im Anhang angeführte Literatur verwiesen werden.

Wie weit auch die Ansichten über den wissenschaftlichen Charakter und die methodische Stellung der Statistik auseinandergehen mögen, ihre Unentbehrlichkeit für geistiges Eindringen und ordnendes Eingreifen in die Vorgänge des gesellschaftlichen Lebens leugnet kein Verständiger. Wo wäre die öffentliche Körperschaft, die ohne die Hilfe der Statistik Stand und Richtung ihrer Entwicklung deutlich zu erkennen vermöchte! Wenn nach einem vertrauten Wort Selbsterkenntnis der sicherste Besitz ist, so darf die Statistik sich daher rühmen, ein getreuer Wächter solchen Horts zu sein. Je zahlreicher und verwickelter aber die Beziehungen werden, in die das soziale Leben Menschen und Dinge einflicht, desto weniger werden wir ohne statistische Beobachtung und Buchführung auskommen. Da hilft kein beweglicher Seufzer, kein Aufbrausen gegen das harte Joch der Statistik und kein Spott über ihre unersättliche Gefräßigkeit: sie ist notwendig und wird immer notwendiger werden. Statt nun unfruchtbare Opposition zu machen oder wenigstens passiven Widerstand gegen sie zu leisten, wäre es doch vielleicht zweckmäßiger, sich mit ihr auf guten Fuß zu stellen. Die Sache ist so einfach: man nimmt etwa das Statistische Jahrbuch für das Deutsche Reich zur Hand und sucht sich unter den Hauptabschnitten einen heraus, für den man irgendwelches stoffliche Interesse hat. Daß man durch die statistische Formung des Stoffes neue Aufschlüsse gewinnt und seine Kenntnisse erweitert, wird schon nach kurzem Studium der Zahlen nicht verborgen bleiben; ist aber dieser erste Erfolg erzielt, so ergibt sich alles weitere von selbst. Man findet dies, vermißt jenes; man wägt und deutet, um endlich wohl gar wie der alte Süßmilch in der Beschäftigung mit der Statistik eine Tätigkeit zu entdecken, die „ihren Liebhabern viel Vergnügen gibt".

Einige Jahreszahlen zur Entwicklung der Sozialstatistik, vornehmlich in Deutschland.

1449. Erste statistische Aufnahme der Bevölkerung in Nürnberg.
1544. Kosmographie Sebastian Münsters.
1562. Staatsbeschreibungen Sansovinos.
1575. Erhebungen Philipps II. von Spanien über die Zustände des Reichs.
1589. Relazioni universali Boteros.
1624—1640. Herausgabe der von Jan de Laet u. a. bearbeiteten Staatsbeschreibungen, der sog. respublicae Elzevirianae.
1660. Conring beginnt seine politisch-statistischen Kollegien zu lesen.
1662. John Graunts „Natural and political observations upon the bills of mortality."
1665. Colberts Handelsstatistik.
1691. Posthume Veröffentlichung der Politischen Arithmetik von Petty.
1693. Aufstellung der ersten Sterbetafel durch Halley.
1719—1724. Einführung der „Historischen Tabellen" in Preußen (Vorläufer der amtlichen Statistik) unter Friedrich Wilhelm I.
Nach 1740. Aufkommen regelmäßiger Volkszählungen in verschiedenen deutschen Staaten.
1741. Süßmilchs „Göttliche Ordnung". Erste Darstellung der Staatenkunde in Tabellenform durch den Dänen Anchersen.
1747 ff. Umfangreiche Erweiterungen der statistischen Nachweisungen in Preußen unter Friedrich d. Gr.
1749. Erstmaliger nachweisbarer Gebrauch des Hauptworts „Statistik" im Sinn von Staatskunde durch Achenwall.
1749. Beginn der regelmäßigen schwedischen Bevölkerungsstatistik.
1754 ff. Büschings vergleichende Staatsbeschreibungen.
1782. Einführung der graphischen Darstellungen durch Crome in Gießen.
1790. Erster, seitdem alle 10 Jahre auf Grund der Verfassung wiederholter Zensus in den Vereinigten Staaten.
1798. Malthus Essay on the principles of population. (Vermehrungstendenz der Bevölkerung in geometrischer, der Nahrungsmittel nur in arithmetischer Progression.)
1801—1806. Erste umfassende Veröffentlichungen zur amtlichen Statistik Frankreichs.
1804. v. Schlözers Theorie der Statistik. (Statistik ist stillstehende Geschichte, Geschichte eine fortlaufende Statistik.)

1805. Errichtung des preußischen Bureaus.
1806—1811. Streit der alten Göttinger Schule mit den Tabellenstatistikern.
1812 und 1817. Scharfe Kritik der Leistungen der Universitätsstatistik durch Lueder.
1829. Erste kriminalstatistische Arbeiten von Guerry, dem Begründer der Moralstatistik.
1833. Einrichtung des Zentralbureaus des deutschen Zollvereins.
1834. Gründung der Londoner Statistischen Gesellschaft.
1835. Quételets grundlegendes Werk "Sur l'homme et le développement de ses facultés ou essai de physique sociale".
1850. Knies' Schrift über die "Statistik als selbständige Wissenschaft" (Bekämpfung der alten Universitätsstatistik).
1853. Erster internationaler statistischer Kongreß in Brüssel.
1857. Buckles die Bedeutung der Statistik gewaltig überschätzende "Geschichte der Zivilisation in England".
1859. Wappäus' Bevölkerungsstatistik, das letzte bedeutendere Werk über Statistik in älterem Sinn.
1860—1882. Ernst Engel, Leiter der preußischen Statistik.
1862. Errichtung des statistischen Amts der Stadt Berlin.
1863. Rümelins erste Abhandlung zur Theorie der Statistik.
1864. A. Wagners "Gesetzmäßigkeit in den scheinbar willkürlichen Handlungen".
1868. Der hessische Zollvereinsbevollmächtigte Fabricius regt die Einsetzung einer "Kommission zur weiteren Ausbildung der Statistik des Zollvereins" an.
1871. Schriften von Schmoller und Knapp gegen die einseitig deterministische Auslegung der moralstatistischen Regelmäßigkeiten. — Erste Volkszählung in Britisch-Indien.
1872. Das Kaiserliche Statistische Amt tritt unter Beckers Leitung ins Leben.
1875. Erste Gewerbezählung im Reichsgebiet. — Einleitung in die Theorie der Bevölkerungsstatistik von Lexis. — R. Böckh übernimmt die Leitung des Berliner Statistischen Amts.
1876. Neunter und letzter internationaler statistischer Kongreß in Budapest.
1878. Ausgabe des zweiten Bands der für die erkenntnistheoretische Grundlegung der Statistik wichtigen Logik von Sigwart.
1879. Gründung des — heutigen — Verbands deutscher Städtestatistiker
1880. Zentralisation der deutschen Handelsstatistik.
1882. Erste selbständige Berufszählung im Deutschen Reich.
1884. Ausgabe von Johns unvollendet gebliebener trefflicher Geschichte der Statistik.
1885. Gründung des Internationalen Statistischen Instituts.
1886. v. Kries' Prinzipien der Wahrscheinlichkeitsrechnung.
1891. Büchers vorbildliche Darstellung der Baseler Wohnungsverhältnisse.

1895. Berufs- und Gewerbezählung im Deutschen Reich. — G. v. Mayrs großangelegte „Statistik und Gesellschaftslehre" beginnt zu erscheinen.
1897. Erste allgemeine Volkszählung in Rußland.
1902. Errichtung einer Abteilung für Arbeiterstatistik im Kaiserlichen Statistischen Amt.
1907. Berufs- und Betriebszählung im Deutschen Reich.
1911. Gründung der Deutschen Statistischen Gesellschaft. — Sammelwerk über die Statistik in Deutschland, herausgegeben von Zahn.
1916. Ausgabe des ersten Jahrbuchs durch das 1913 ins Leben getretene Internationale Statistische Amt.
1921. „Und neues Leben blüht aus den Ruinen"; die Zeitschrift „Wirtschaft und Statistik" des Statistischen Reichsamts und die Vierteljahrs- (jetzt Monatshefte) der deutschen Städte, herausgegeben vom Verband deutscher Städtestatistiker, beginnen zu erscheinen.

Literaturverzeichnis.

Zum ersten Abschnitt. Mit Rücksicht auf die leitenden Gedanken der Sammlung, in die sich das vorliegende Werkchen eingliedert, konnten die Ausführungen über Wesen und Aufgabe der Statistik nur im knappsten Rahmen gehalten werden. Eingehendere, vielfach weit voneinander abweichende Anschauungen entwickeln die Lehrbücher der Statistik, von denen wenigstens einige der heute noch gebräuchlichen hier vermerkt und kurz gekennzeichnet sein mögen. An erster Stelle muß das umfangreiche und wegen seiner vielfach eigenartigen Terminologie nicht leicht zu lesende Werk von G. v. Mayr, Statistik und Gesellschaftslehre genannt werden. I. Band: Theoretische Statistik, 2. Aufl. 1914 (Abgrenzung des Wissensgebiets, Methode und Technik, Statistik und Verwaltung, Geschichte); II. Band: Bevölkerungsstatistik, 2. Aufl. 1921; III. Band: Moralstatistik, 1917. Der IV. Band des Werkes, der die Wirtschafts-, Bildungs- und politische Statistik enthalten soll, ist noch nicht erschienen. Jedes tiefer strebende Studium der Statistik ist vorerst noch auf die Durcharbeitung dieses staunenswert vielseitigen Werkes angewiesen, das den Niederschlag jahrzehntelanger statistischer amtlicher und Forschertätigkeit enthält. Wer rascher einen Überblick über Theorie und Praxis der Statistik gewinnen will, greife zu dem ausgezeichneten „Grundriß der Statistik" von Zizek (1921), der neben einer wohldurchdachten Methodenlehre kurze Einführungen in alle Teilgebiete der materiellen Statistik bringt. Neben dem Mayrschen Werk darf auch das ausgezeichnete Lehr- und Lesebuch von Al. Kaufmann: Theorie und Methoden der Statistik, Tübingen 1913, rühmend hervorgehoben werden, das sich durch sorgfältiges Abwägen der verschiedenen Lehrmeinungen auszeichnet. Eine leichtfaßliche beliebte erste Einführung in die Statistik ist das in zahlreichen Auflagen verbreitete Werk von Conrad (und

Hesse): Statistik, I. Teil, Geschichte und Theorie der Statistik, Bevölkerungsstatistik, II. Teil: Statistik der wirtschaftlichen Kultur, 1. Hälfte: Berufs-, Agrar-, Forst- und Montanstatistik, 2. Hälfte: Gewerbestatistik. — Für die jetzt im Brennpunkte des Interesses stehende Wirtschaftsstatistik, die auch in dem genannten Werke von Zizek eingehend berücksichtigt ist, besitzen wir jetzt außerdem eine eigene, treffliche Einführung in dem Buch von Meerwarth „Einleitung in die Wirtschaftsstatistik", Jena 1920. — Das knappe aber vortreffliche Buch von Meitzen, Geschichte, Theorie und Technik der Statistik, 2. Aufl. 1903, befaßt sich vornehmlich mit der Methode der Statistik und deren Bedeutung als Erkenntnismittel. Über den logischen Charakter der Statistik als Wissenschaft und Methode ist in den letzten Jahren viel geschrieben worden. Als Ausgangspunkt dieser Literatur darf die noch heute sehr lesenswerte, im Text wiederholt angeführte Abhandlung von Rümelin „Zur Theorie der Statistik" gelten (1863 erschienen, 1875 in der Sammlung seiner „Reden und Aufsätze" abgedruckt), als eine Art modernen Gegenstücks hierzu der Aufsatz von Seutemann über die „Einheitlichkeit des statistischen Denkens" in Schmollers Jahrbuch 1913. Von großer Bedeutung, namentlich auch durch die Auslösung scharfen Widerspruchs (Eulenburg im Archiv für Sozialwissenschaft und Sozialpolitik 1911, S. 725 ff.) sind zwei in Zeitschriften erschienene Aufsätze des Russen Tschuprow zur Theorie der Statistik geworden. Seine 1910 erschienene Theorie der Statistik, die auch durch eingehende Berücksichtigung der mathematisch-statistischen Literatur sich auszeichnet, ist leider nicht ins Deutsche übertragen worden. Auf die fremdsprachige Literatur an dieser Stelle einzugehen, wird kaum gestattet sein. Bedauerlich ist, daß eine der besten Einführungen in die Statistik, die Elements of statistics von Bowley, und das freilich eine gewisse mathematische Schulung voraussetzende Werk von Yule, Introduction to the theory of statistics, beide wiederholt aufgelegt, keine deutsche Übersetzung gefunden haben. Aus der stark entwickelten einschlägigen italienischen Literatur verdient wenigstens die durchaus eigenartige Darstellung von Wesen und Aufgabe der Statistik in Beninis Principii di statistica metodologica ausdrücklich hervorgehoben zu werden. — Auf einen weiteren Leserkreis berechnete Abhandlungen über Statistik, die „mit Bedeutung gefällig" sind oder doch sein wollen, mangeln in keiner Sprache. Als sympathische Vertreter dieser Gattung mögen genannt sein: der Aufsatz von Böhmert über „die Statistik und ihre Bedeutung für unser wirtschaftliches und soziales Leben" in der Festgabe für Böhmert d. Ä. (Dresden 1909) und die elegante Einführung von Liesse, La statistique, ses difficultés, ses procédés, ses résultats. (2. Aufl. 1912.) — Vgl. im übrigen auch die Literatur zu den folgenden Abschnitten.

Zum zweiten Abschnitt. Die Vorläufer der amtlichen Statistik sind eingehend behandelt bei John, Geschichte der Statistik, erster (allein vorhandener) Teil 1884; einen kurzen übersichtlichen Abriß ihrer Geschichte unter Berücksichtigung der gleichzeitigen Entwicklung der Staatenkunde und der politischen Arithmetik geben die Werke von Mayr (5. Abschnitt) und Meitzen (S. 3—48). — Neuere Darstellung auf Grund von Quellenstudien in dem Werk „Die Statistik in Deutschland nach ihrem heutigen Stand", Ehrengabe für G. v. Mayr 1911. Erster Abschnitt: Günther Geschichte der deutschen Statistik, daselbst auch weitere Literaturnachweise. — Über Objekt und Begriff der historischen Statistik vgl. G. H. Müller im Deutschen Statistischen Zentralblatt 1921, Nr. 1/2. — Die Arbeitsgebiete des Statistischen Reichsamts sind in Band 201 der Statistik des Deutschen Reichs dargestellt, über Änderungen berichtet jeweils das erste Vierteljahrsheft z. St. d. d. R. — Sehr dankenswert und lehrreich ist der regelmäßig dem Statistischen Jahrbuch für das Deutsche Reich vorgedruckte Quellennachweis; das vortrefflich redigierte Jahrbuch selbst bringt seit 1903, ähnlich wie das französische und englische Jahrbuch Internationale Statistische Übersichten. — Das während des Weltkriegs erstmals erschienene Jahrbuch des Internationalen Statistischen Amts behandelt in seinen ersten Ausgaben die Bevölkerungsstatistik der Kulturstaaten, wird sich aber allmählich auf die verschiedensten Zweige der Sozialstatistik erstrecken. — Private derartige Zusammenstellungen sind u. a. Hübners Geographisch-Statistische Tabellen, der Statistische Teil des Gothaischen Kalenders vor allem aber Scott Kelties Statesmans Yearbook. — Die Zahl der fortlaufenden amtlichen Veröffentlichungen zur Statistik der einzelnen Länder und Städte ist Legion; dazu kommen die statistischen Veröffentlichungen von Vereinen, Verbänden usw., dann statistische Zeitschriften von Gesellschaften, privaten Herausgebern, Aufsätze über Statistik und Zahlennachweisungen in anderen wissenschaftlichen Zeitschriften, Verwaltungs- und Jahresberichten usw. — Zur Frage der Eingliederung des statistischen Dienstes in die Verwaltung äußern sich fast alle statistischen Lehrbücher, so besonders v. Mayr, Bd. I, 4. Abschnitt; das grundlegende Werk ist hier Mischlers Handbuch der Verwaltungsstatistik (nur Band I ist erschienen). — Über die privatwirtschaftliche Statistik gibt Calmes, Die Statistik im Warenhandel und Fabrikbetrieb, Auskunft. Vgl. dazu auch Gerstner, Kaufmännische Buchhaltung und Bilanz. ANuG. 507, Abschnitt X.

Zum dritten Abschnitt. Die logische Bedeutung der einzelnen Abschnitte des Zählverfahrens ist kurz und treffend dargestellt bei Meitzen u. a. §§ 63—73, die technische Seite des Zählprozesses ebenda § 94 ff.; ausführlich und gründlich werden beide in dem Werk von Kaufmann (s. o.) abgehandelt, sodann in der theoretischen Statistik v. Mayrs, wo sich insbesondere viele fachkundige Hinweise auf die Mängel des Ausbeutungsverfahrens und ihre Bekämpfung finden. Aus der neuen Literatur ist besonders die begrifflich scharfe Fassung des Gegenstandes durch Seutemann in seinem Aufsatz über „Die Aufnahme-, Aufbereitungs- und Tabellierungstechnik" hervorzuheben (Die Statistik in Deutschland, Band I, S. 163 ff.). — Die Literatur über die verschiedenen Surrogate statistischer Durchzählung ist über Fachzeitschriften und amtliche Veröffentlichungen verstreut; über die typische Methode gibt in aller Kürze der populäre Aufsatz von M. de Foville gute Auskunft: „la méthode monographique et ses variantes" Bulletin des Internationalen Statistischen Instituts, Bd. XVIII, 1. Lieferung; über die repräsentative Methode vgl. Schott, Das Stichprobenverfahren in der Städtestatistik (Nr. 34 der Beiträge zur Statistik der Stadt Mannheim). Kurze Mitteilungen über beide enthalten die meisten neueren Lehrbücher der Statistik. — Über Mängel des Materials und ihre Beseitigung handelt gewöhnlich der einleitende Abschnitt zu allen umfangreichen oder neuartigen statistischen Darstellungen; aus ihrem aufmerksamen Studium läßt sich reicherer Gewinn ziehen als aus den allgemeinen, oft künstlich schematisierten Ausführungen der Lehrbücher der Statistik zu diesem Thema. Überhaupt ist das Studium irgendeiner sorgfältig ausgeführten statistischen Spezialarbeit eine unentbehrliche Ergänzung der Lektüre statistischer Lehrbücher. (Des Beispiels halber sei als eine solche Darstellung aus neuerer Zeit die im 2. Heft der Württembergischen Jahrbücher für Statistik und Landeskunde von 1912 enthaltene über „die Volkszählung vom 1. Dezember 1910" von Losch genannt, die auch über die elektrische Ausbeutung des Materials eingehende Nachweisungen bringt.)

Zum vierten Abschnitt. Von der für den vorhergehenden Abschnitt angegebenen Literatur kommt hier der Aufsatz von Seutemann und namentlich das Werk von Kaufmann 6. und 8. Kapitel des zweiten Teils, in Betracht. — Wie den Zahlen „der Mund zu öffnen ist" hat Rümelin in seinem Aufsatz zur Theorie der Statistik von 1863 an dem klassischen Beispiel der 96000 Pferde Württembergs dargetan. — Über die graphischen Darstellungen, ihre Konstruktion und Bedeutung ist neuerdings manches Treffende gesagt worden; hier ist namentlich das einschlägige Kapitel in Bowleys Elements of statistics rühmend hervorzuheben. In der Festschrift für G. v. Mayr hat der Schreiber dieser Zeilen das Thema kurz behandelt; ausführlicher ist dies auf Grund umfassender Studien und großer praktischer Erfahrung in einem Vortrag Roesles vor der deutschen Statistischen Gesellschaft (Berlin 1912) geschehen (der Verhandlungsbericht ist als Beilage zum Deutschen Statistischen Zentralblatt erschienen).

Zum fünften Abschnitt. Über die Berechnungsweisen, die in diesem Abschnitt unter dem Haupttitel „Vereinfachung der Ergebnisse" zusammengefaßt worden sind, handeln die in der Literaturübersicht bisher angegebenen Lehrbücher fast durchweg mehr oder weniger ausführlich. Eine eingehende ausgezeichnete Untersuchung der hierher gehörigen Fragen hat Zizek in seinem Werke über „Die Statistischen Mittelwerte" (Leipzig 1908) geliefert. Auch die mathematische Seite des Problems ist, soweit möglich, in diesem Werk gemeinverständlich dargestellt. — Gleichfalls dem Nicht-Mathematiker zugänglich sind ferner die klassischen Untersuchungen von Lexis über Stabilität und Dispersion statistischer Reihen in seinen „Abhandlungen zur Theorie der Bevölkerungs- und Moralstatistik" (Jena 1903). — Die mathematische Behandlung statistischer Reihen wird in dem Buch von Czuber über „Die statistischen Forschungsmethoden", Wien 1921, entwickelt. — Von den deutschsprachigen statistischen Lehrbüchern ist das Westergaardsche „Die Grundzüge der Theorie der Statistik" (1890) mathematisch ausgerichtet, noch ausgesprochener das Buch von Forcher, Die statistische Methode als selbständige Wissenschaft (1913); aus der neueren englischen hierher gehörigen Literatur sei besonders die oben zitierte Introduction von Yule erwähnt. — Eine sehr gute Einführung in die mathematische Behandlung statistischer Reihen bietet das Werk von Johannsen: Elemente der exakten Erblichkeitslehre, 2. Aufl. 1913. — Eine Fundgrube für den an der mathematischen Behandlung statistischer Probleme Interessierten bildet das „Journal of the Royal Statistical Society" in London (Monatsschrift), neuerdings aber auch das „Allgemeine Statistische Archiv", herausgegeben von Mahr und Zahn und das Deutsche Statistische Zentralblatt (s. u.).

Zum sechsten Abschnitt. Die Werke von Bizet und A. Kaufmann (Tübingen 1913), enthalten umsichtige, auf gründlicher Literaturkenntnis aufgebaute Erörterungen der hier angeregten Fragen. — Je nach der Anschauung über Aufgabe und Wesen der Statistik regelt sich natürlich auch die Stellungnahme gegenüber der Deutung der Ergebnisse durch die Statistik (vgl. hierzu auch die Mitteilungen zur Tagesordnung der 3. Mitgliederversammlung der Deutschen Statistischen Gesellschaft im Juni 1913 über die textliche Erläuterung statistischer Quellenwerke). — Von den schon genannten, keine umfassenden mathematischen Kenntnisse voraussetzenden Lehrbüchern der Statistik hält der Berichterstatter jene von Benini und Bowley für die besten Einführungen in die Erörterung statistischer Reihen. Die Literatur über die Korrelationsrechnung ist sehr stark angeschwollen; von neueren Darlegungen seien hervorgehoben: Betz „über Korrelation", 3. Beiheft der Zeitschrift für angewandte Psychologie und psychologische Sammelforschung Leipzig 1911 (mit reichem Literaturverzeichnis!) und die eingehende Darstellung in den Lehrbüchern von Yule und Johannsen.

Über die zu so ungeahnter Bedeutung gelangte Frage der Indexziffern gibt der gleichnamige Aufsatz von Morgenroth im V. Band der 4. Auflage des Handwörterbuchs der Staatswissenschaften auf knappem Raum sachkundige Auskunft. Von der dort angeführten Literatur enthalten die Schriften von Hofmann und — kürzer — Speiser Zusammenstellungen der im Gebrauch befindlichen Indexziffern im In- und Ausland; der Aufsatz von Weigel eine terminologisch-kritische Stellungnahme. Ergänzend zu erwähnen ist die Abhandlung von Flux im Jahrgang 1920 der Zeitschrift der Royal Statistical Society. Fortlaufende Auskunft über die wirtschaftliche Entwicklung unter ausgiebiger Zuhilfenahme von Indexziffern geben folgende periodische Veröffentlichungen: „Wirtschaft und Statistik" (Statistisches Reichsamt), „Die Wirtschaftskurve mit Indexzahlen" (Frankfurter Zeitung) und das „Bulletin mensuel" des Internationalen Statistischen Instituts. Die teilweise sehr bemerkenswerten kritischen Ausführungen in den amtlichen Veröffentlichungen verschiedener Städte, auch des Auslands (z. B. Bern, Zürich, Amsterdam), können hier leider nicht namhaft gemacht werden.

Zum siebenten Abschnitt. Ein Literaturverzeichnis zu den einzelnen Materien zu geben ist ausgeschlossen. Unter Bezugnahme auf den Text sei hervorgehoben: Die Statistik in Deutschland nach ihrem heutigen Stand, Ehrengabe für G. v. Mayr, herausgegeben von Zahn, 2 Bände 1911. — Statistisches Jahrbuch für das Deutsche Reich, herausgegeben vom Statistischen Reichsamt. — Eine liebenswürdige Einführung in die Sozialstatistik stellt das auch in billiger Volksausgabe vorliegende gleichnamige Buch von Schnapper-Arndt dar (herausgegeben 1908 von L. Zeitlin nach dem Tode des Verfassers). — Über die Neuerscheinungen der statistischen Forschung auf den verschiedenen Gebieten unterrichtet kurz und zuverlässig das „Deutsche Statistische Zentralblatt" (Teubner), herausgegeben von Würzburger u. a.; Ergebnisse und Fragen der Kommunalstatistik behandeln die „Monatshefte deutscher Städte" (H. R. Engelmann), redigiert von Kuczynski.

Die angegebenen Preise sind Grundpreise,
z. Zt. (Januar 1923), den jetzigen Herstellungs- und allgemeinen Unkosten entsprechend, mit der Teuerungsziffer 600 (für Schulbücher, mit * bezeichnet, mit 150) zu vervielfältigen sind.

Deutsches Statistisches Zentralblatt. Hrsg. von Geh. Reg.-Rat Dr. Würzburger, Reg.-Rat Dr. Joh. Feig und Prof. Dr. W. Morgenroth. . Jahrg. 10 Hefte M. 80.—. 12. Jahrg. 10 Hefte M. 104.—. 13. Jahrg. Hefte M. 128.—. 15. Jahrg. 1923. 1. Vierteljahr M. 200.—. Einzelheft M. 300.—. (Kein Teuerungszuschlag.)

Ergänzungshefte zum Deutschen Statistischen Zentralblatt. Heft 1: Statistik der Zivilrechtspflege. Von Oberreg.-Rat Dr. M. Rusch. M. 1.80. Heft 2: Handelsbetriebsstatistik mit besonderer Berücksichtigung der Warenhandelsbetriebe. Von A. Sigerus. M. 1.80. Heft 3: **Statistik des Selbstmordes im Königreich Sachsen.** Von Dr. O. Kürten. Mit 2 Tafeln und 1 Karte. M. 2.50. Heft 4: **Die Unehelichkeit im Königreich Sachsen.** Von Dr. G. Prenger. Mit 5 graph. Darstellungen und 3 Kartogrammen. . 2.50. Heft 5: **Die Finanzen der Städte im Königreich Sachsen.** Von Dr. phil. Liebers. M. 3.—. Heft 6: **Die Methoden der deutschen Arbeitslosenstatistik.** Von Dr. R. Herbst. M. 2.50. Heft 7: **Die Ergebnisse der Wohnungszählung** vom Dezember 1910 in den Gemeinden Aarau, Baden, Ennetbaden und Burg. Hrsg. vom Kantonalen Statistischen Bureau. M. 3.—. Heft 8: **Gewerbliche Produktionsstatistik.** Von Dr. Otto Nerschmann. M. 7.—. Heft 9: **Die Tuberkulose.** Von . Hans Seiler. M. 1.80

Allgemeine Volkswirtschaftslehre. V. Geh. Oberreg.-R. Prof. Dr. W. Lexis. (Kult. d. Gegenw., hrsg. v. Prof. P. Hinneberg. II, 10, 1.) 2. Aufl. Geb. M. 5.—
„Ein geistvolles Werk, in dem der Verf. seine durch langjährige vielseitige, tiefgründige Studien ausgereifte Stellung zur Volkswirtschaftslehre in glänzender Weise niedergelegt hat."
(**Literarisches Zentralblatt für Deutschland.**)

Grundzüge der Volkswirtschaftslehre. Von Prof. Dr. G. Jahn. Aufl. (ANuG Bd. 593.) Kart. M. 1.—, geb. M. 1.50
Eine gemeinverständliche und unparteiische mit ausführlichem Literaturverzeichnis versehene Einführung in das Verständnis der Volkswirtschaft, die nach ihren Voraussetzungen, Bedingungen und wesentlichen Bestandteilen, der Gütererzeugung, des Güterumlaufs und der Güterverwendung, behandelt wird.

Einleitung in die Volkswirtschaftslehre. Geschichte, Theorie und Politik. Von Prof. Dr. A. Sartorius Frhr. v. Waltershausen. Geh. M. 3.20, geb. M. 4.20
Das Buch will dem Bedürfnisse einer Einführung für den im praktischen, wirtschaftlichen oder politischen Leben Stehenden in die Kenntnis der volkswirtschaftlichen Zusammenhänge entgegenkommen, über den Stand der Wissenschaft orientieren und die Grundlagen und Probleme beleuchten. Es versucht dabei die geschichtliche, theoretische und politische Betrachtungsweise zu einer organischen Einheit der Volkswirtschaftslehre zu verschmelzen. Um die Erörterungen leicht faßbar zu machen, wird immer von einfachen, allgemein verständlichen Voraussetzungen ausgegangen und von ihnen zu einer Vertiefung fortgeschritten.

Wörterbuch der Warenkunde. Von Prof. Dr. M. Pietsch. (Teubners Kleine Fachwörterbücher. Bd. 3.) Geb. M. 2.—
Gibt zuverlässige Auskunft über 2000 Rohstoffe, Ersatzstoffe, Halb- u. Ganzerzeugnisse sämtl. Gewerbe u. Industrien nach Ursprung, geogr. Herkunft, Eigenschaften, Verarbeitung u. Verwendung.

Verlag von B. G. Teubner in Leipzig und Berlin

ANuG 442: Schott   Anfragen ist Rückporto beizufügen

GPSR Compliance
The European Union's (EU) General Product Safety Regulation (GPSR) is a set of rules that requires consumer products to be safe and our obligations to ensure this.

If you have any concerns about our products, you can contact us on

ProductSafety@springernature.com

In case Publisher is established outside the EU, the EU authorized representative is:

Springer Nature Customer Service Center GmbH
Europaplatz 3
69115 Heidelberg, Germany

www.ingramcontent.com/pod-product-compliance
Lightning Source LLC
Chambersburg PA
CBHW071721100426
42873CB00016B/364